川金丝猴生活图解

于凤琴 著

清华大学出版社
北京

图书在版编目(CIP)数据

川金丝猴生活图解 / 于凤琴著. —北京:清华大学出版社,2023.2
ISBN 978-7-302-61973-4

Ⅰ.①川… Ⅱ.①于… Ⅲ.①金丝猴—图解 Ⅳ.①Q959.848-64

中国版本图书馆CIP数据核字(2022)第181709号

责任编辑:冯海燕
封面设计:鞠一村
责任校对:赵琳爽
责任印制:沈 露

出版发行:清华大学出版社
　　　　　网　　　址:http://www.tup.com.cn,http://www.wqbook.com
　　　　　地　　　址:北京清华大学学研大厦A座　　　邮　　编:100084
　　　　　社 总 机:010-62770175　　　　　　　　　邮　　购:010-62786544
　　　　　投稿与读者服务:010-62776969,c-service@tup.tsinghua.edu.cn
　　　　　质量反馈:010-62772015,zhiliang@tup.tsinghua.edu.cn
印 装 者:北京雅昌艺术印刷有限公司
经　　销:全国新华书店
开　　本:260mm×250mm　　　印　张:19.5　　字　数:241千字
版　　次:2023年2月第1版　　　印　次:2023年2月第1次印刷
定　　价:198.00元

产品编号:095276-01

关于作者

　　于凤琴，资深媒体人，科普作家。中国野生动物保护协会科学考察委员会副主任、香格里拉维西滇金丝猴保护协会名誉会长、大理大学东喜马拉雅研究院特聘研究员。2009年获"斯巴鲁野生动物保护奖"。她关注野生动物及生态保护20多年，足迹遍及全国300多个国家级自然保护区和2000多个县（市），拍摄了众多中国濒危野生动物的珍贵影像。她记录了滇金丝猴野外产仔及雄猴关怀的详细过程，填补这一研究领域的空白；她率领团队在青海湖为国家一级保护动物黑颈鹤筑人工巢，开黑颈鹤用人工巢之先河，并连续7年取得成功；她在国内外的杂志上发表了500多篇野生动物相关文章及3篇学术论文，原创的《滇金丝猴生活图解》得到2018年北京市科学技术协会科普创作出版资金资助并荣获2019年"梁希科普奖"二等奖，所著《响古箐滇金丝猴纪事》和《滇金丝猴生活图解》同时入选全国中小学图书馆（室）推荐书目。

序一

认识金丝猴，认识人类自己

我曾为于记者的滇金丝猴摄影集"天地精灵系列"的第二本《红唇精灵——滇金丝猴生活图解》一书写序。几年后，我又一次有幸读到了她的新作——《川金丝猴生活图解》。对她提出为新作写序的要求，我以为她这次又拍摄了一本野生动物摄影集，于是几乎不假思索就爽快地答应了，没想到这次写序却颇花了些时间。当我抽出时间读这本200多页、十几万字的书稿时，我发现于记者这次不仅仅是展示她拍摄的川金丝猴照片，而是围绕觅食、繁殖各个环节在书稿中讲述了川金丝猴的个性、文化、家庭，并展开了对人类社会伦理、争端与和平的思考。一位女性，她常年累月、风雪无阻，奔波于崇山峻岭，披星戴月，风餐露宿，蹲守等待猴群的出没，完成这样一本著作，实属不易。

这次于记者笔下的主角是川金丝猴。川金丝猴是中国的三种特有金丝猴之一。当年受聘兼职为法国巴黎自然博物馆采集生物标本的法国人皮埃尔·阿尔芒·戴维（Père Armand David，中文名：谭卫道）在四川穆坪（宝兴）发现了大熊猫的皮张后，他又聘请猎人在当地猎获了6只称为长尾巴猴的猴子。这些猴子身披金发，头顶棕色毛冠，脸部皮肤为浅蓝色。双眼之间没有鼻梁，一双圆圆的大眼睛镶嵌在深陷的眼窝里，厚厚的蓝色双唇的上方是一双呈三角形相交的、向上翘的鼻孔。它们还有一个醒目的特征：嘴角处有瘤状的突起。谭卫道将这些毛发金黄、没有鼻梁、鼻孔朝天的猴子标本送到了法国自然博物馆。

法国自然博物馆动物学家米尔恩-爱德华兹（Milne-Edwards）在1870年确定这些标本为新的灵长目属——仰鼻猴属，并将金丝猴命名为*Rhinopithecus roxellana*——洛克安娜仰鼻猴。一位研究者曾在一本书中说，金丝猴朝天的鼻孔，像十字军司令官的翘鼻金发夫人，由此而得名。我喜欢刨根究底，于是，专门找了几本有关十字军的英文书，并没有发现一位十字军司令官有一位翘鼻金发夫人，倒是发现米尔恩-爱德华兹是以苏莱曼大帝的夫人洛克安娜（Roxellana，即许蕾姆苏丹）的名字来为金丝猴命名的。许蕾姆苏丹出生于罗加京（当时属于波兰），在一次战争中被掠为奴，被挑选进入苏丹的后宫成为苏莱曼的正室，她的儿子继承了苏丹之位。但是从现存的绘画看，洛克安娜的鼻子并不上翘，而是有几分像希腊人的鼻梁。

于记者选择了秦岭玉皇庙的金丝猴作为拍摄对象。这群金丝猴是西北大学李保国教授、齐晓光教授团队的研究对象，经过数十年的精心保护，当地的金丝猴已经发展为数百只的大群体。几代研究者利用玉皇庙的金丝猴作为研究对象，已经发表了一批研究论文，例如，发现了金丝猴具有重层社会结构。于记者具有记者的天性，事事好奇、不耻下问。当地金丝猴管护人员和正在当地进行学位论文研究的研究生们成为于记者的良师益友。通过虚心请教，于记者了解了金丝猴的行为习性与个性特征，知道了一个个金丝猴故事，在书稿中，她将一只只活生生的金丝猴呈现在读者的面前。

于记者曾经长期在《中国绿色时报》工作，她到过许多林区的自然保护区采访，记者生涯使得她有机会了解林区大自然。早期的乡村生活使得她熟悉野生植物和家禽家畜，加上观察细致、联想丰富，她的作品文字十分细腻，描述入木三分。如对金丝猴寻找食物的描写：春天金丝猴到草坪上采食刚刚开花的荠菜、蒲公英，还爬上榆树撸下一簇簇、一串串的大榆钱作为美食，金丝猴还摘食树上的嫩芽、嫩叶、柳树苟儿。这一景景、一幕幕勾起了于记者对童年乡村生活的回忆，她仍记得童年在家里吃过的榆钱、柳树苟儿这些美味。人类与金丝猴对食物偏好的一致，拉近了人与金丝猴的距离。

中国灵长类动物研究在21世纪登上了一个大台阶。其中原因之一是得益于自然保护区对灵长类的投食，使得那些野生灵长类动物逐步服习人类，给人类提供了近距离观察那些原本不为人知的野生动物的机会。研究者们对野生动物投食有不同的意见。但是，野生动物对人类的服习，的确为动物研究者提供了便利。一位专业研究者如果不能近距离接触研究对象，不可能对研究对象做深入的观察与研究。正如于记者在书中所说的"关于人工投食，研究者历来分为两大主张。一方主张通过人工投食，近距离地观察猴子，以此来获得更多的信息，提高研究的效率，取得成果突破。另一方反对这种人为干预，他们认为：动物只有在纯自然状态下表现出的自然行为，才是真正的动物行为，任何带有人为干预条件下所表现出来的行为都不是动物的真实的自然行为……两者没有谁对谁错，只是研究的方法不同而已。纯自然研究，得出的结论可能更接近自然，但是时间的跨度要更长，难度也更大。"

于记者观察的那群川金丝猴完全习惯了人类的存在。那些川金丝猴不但不回避包括她在内的研究人员，还在研究者面前完全展示自己的社会生活与序位习性。当一群群川金丝猴聚集在草坪上时，有人来到跟前，他们不但不四散逃走，反而不理不睬，视而不见。倒是于记者必须向川金丝猴借路通行，"有时，川金丝猴从树上下到地面时，无论是进食、休憩或者为家庭成员理毛，都会聚集在一起。我们若是这个时候必须从它们面前经过，被某个或者某些猴子挡住去路时，就说上一句'对不起，借过一下'，这些猴子听了这句话，紧张的程度就会减轻很多。有时，遇到这种情况，还有一些猴子会友好地挪动一下身体，给人一个通过的空当。"在这里，我们看到川金丝猴很像我们。

它们有多像我们？它们有哪些地方不像我们？尼采在《论道德的体系》一书中说：作为人类，"我们还不认识自己，我们这些认识者，自己还不认识自己：这里面大有原因。我们从来不去寻找我们自己。……对我们来说，有条永恒的法则叫作'每个人对于他本身皆是最遥远者'"。应当坦率地说，我们研究动物，特别是研究野生动物时，是希望从研究中获得人类本身的知识。了解人从何而来，了解人类继承了几分动物的本能，了解人与动物有多么相似，了解人与动物又有多么不相似，人类的习俗、传统、道德是如何形成的，这些习俗、传统和道德，以及人类的社会结构和上层建筑又如何使得我们与动物不一样。

于记者在书中以丰富的细节，细腻的笔触讲述了一个个川金丝猴故事。她说："在这几年关于滇金丝猴和川金丝猴两种金丝猴的观察与研究中，我一直在寻找它们的共同点与不同点，由此而外延到与人类的相似之处，寻找人类在猴群中的踪影，当然，也努力去发现猴子留在人类身上的踪影。"从于记者笔下与镜头中的川金丝猴身上，我们看到了动物的生存本能与繁殖本能。从寻找食物、抱团取暖到躲避天敌，都是为了生存，这些行为占据了川金丝猴一生中大部分时间。雄性与雌性川金丝猴的种种令人眼花缭乱的繁殖策略与社交技巧，都是为了繁殖更多的后代，并让这些后代学习生存技巧，能够活到可以繁殖的年龄。

本书的高潮是于记者对人类社会的思考，对人类和平的思考。她说："览阅星河，俯瞰世界，世界需要和平，人类需要和平，动物界也需要和平。当然，我说的动物界的和平是指本物种间的和平，并非生物链上的和平。或许，如果单从这个和平的层面来说，金丝猴的社会应该是一团和气，没有刀光剑影。然而不是这样，凡是有人群的地方就有江湖。动物也不例外，更何况是与人类同目的灵长类动物呢？"于是，读者从书中有"名"有"姓"的川金丝猴个体之间的冲突和恩爱情仇中会发现，尽管雄性川金丝猴为争夺社会序位和配偶而爆发生死之战，然而一个个家庭更换主雄之间会很快恢复和平生活。父爱、母爱，个体之间的抚爱梳理、维系着川金丝猴社会的稳定。

动物学是一门公众科学。作为现代生物学奠基人的几位大师：卡尔·林奈（Carl von Linné）、查理·达尔文（Charlie Darwin）、阿尔弗雷德·华莱士（Alfred Russel Wallace）以及在中国动物学史留名的法国人谭卫道、英国人郇和（Robert Swinhoe）、俄国人普热瓦尔斯基（Никола́й Миха́йлович Пржева́льский）等人，都不是现代意义的生物学家。在交通发达的今天，人人有机会踏上过去人类无法到达的地方，去观察那些人类过去无法观察的动物，数码摄像技术的发达又为人们拍摄动物创造了条件。现在人人有条件观察动物，人人有条件了解动物，人人有条件讲动物故事。出于对动物和人类本身的好奇，人人有兴趣了解动物，人人有兴趣听动物故事。特别是像金丝猴这样的难得一见的动物故事。然而，并不是人人都可以讲出像于记者在这本书中那样的身临其境的故事。于记者以生花之笔、配上精彩的照片，图文并茂、通俗易懂地为读者讲述了一个又一个细节丰富的精彩的金丝猴故事，让动物学回归公众科学的本质。

"神农架的太阳每天还会照常升起，山还是那座山，路也还是那条路，水还是那些水，然而，生活在这里的人和动物却是不断地变换。生老病死，爱恨情仇，不断地上演。"说得好！更准确一点说，神农架、秦岭玉皇庙、汶川的金丝猴的出现是第三纪以后的事情，当地人类的出现则更会晚一些。这些仅仅是地球生命进化历史中短短的一幕。生命有世代更替，物种有新生灭绝，我们希望生命之树常青，希望人类与金丝猴和谐共处，长期共存。

中国科学院动物研究所研究员、中国濒危物种科学委员会常务副主任、中国科学院大学教授　蒋志刚

2022年10月23日于北京市中关村

序二

风餐露宿无欲无求

春天的一天，我收到于凤琴老师的电话，她的《川金丝猴生活图解》即将出版，邀请我为此书作序，当时，我和科研团队正忙于金丝猴社会系统进化与基因组学机制的论文。我知道这本书倾注了于老师多年的心血，我这个做科研久了的人，写英文的科学论述倒是很轻松，但为一本科普书作序却怕写不好。

就这样，过了很久，直到一天下午，当论文的攻坚接近尾声，我终于可以坐在沙发上喝口茶歇一歇，又翻开茶几上于老师的书稿。突然，我的脑海里泛起很多回忆，浮现出于老师背着相机在野外跋涉的身影，当年和于老师一起在野外进行科学考察的场景历历在目。

我和于老师相识于2004年的冬天，那时自己还是一名博士研究生。当时奚志农老师在北京举办了第一届野生动物摄影训练营，旨在将较早致力于濒危动物摄影的一批人聚拢起来，共同推进"用影像保护自然"的理念。摄影器材由训练营提供，摄影者可以带到野外无偿使用。那时，我结识了很多良师益友，比如雍严格、向定前、关克、索南格来等，其中一些朋友后来成为野生动物摄影大师。也是在这个训练营里，我遇见了于凤琴老师，当时她正供职于《中国绿色时报》。

那时，对大多数野生动物研究和保护者来说，数码单反和大光圈镜头都是难以企及的奢侈品，我当时拿到的是EOS-10D相机和EF 70-200mm f/4L IS USM镜头。在研究和收集数据之余，我几乎天天对着金丝猴拍摄，也曾有几张自己较为满意的照片。一晃17年过去了，虽然设备越来越好，我却越来越没有时间和精力去拍摄金丝猴。也许这些年我遇到的摄影师太多，看到的照片也太多，也许经常出入猴群，或者忙于金丝猴论文难以回神，再好看的精灵，如此朝夕相处20多年，我也有些不想拍了，反倒偶尔拍拍鸟，一来给学生用作脊椎动物分类学的课件，二来也能放松一下自己紧绷的精神状态。

可是于老师却不然。这十几年来，她一直专注于野生动物的跟拍与记录，特别是金丝猴。她走遍了白马雪山、梵净山、秦岭、神农架的沟沟岔岔，却仍有无穷无尽的精力与热情，这真令我十分佩服。我也常思考，于老师年近古稀，这些野生动物考察工作既没有利益驱动，又需要常年在野外风餐露宿、翻山越岭，她是怎么坚持下来的？也许，一生中，人们能把一件事情做到纯粹，就是一件成功的事情吧！想想我们做科研也是如此，在内心都有一种纯粹的对美好事物的执着与热爱。

这些年，于老师经常来到我们的野外科研基地。由于要如期完成学校的教学和科研任务，很多时候我不能在山上陪着她，听我带的研究生们描述，于老师对金丝猴的理解不同于一般的野生动物摄影师，她经常和学生讨论金丝猴的各种行为，有时也会学习学生们收集数据的方法，并且自己也一直坚持做记录。于老师常说，研究动物行为学，我的学生是最专业的。我想，最专业不敢当，但要说非常认真，这些学生应该算得上。也许这些学生也如我一般，受到于老师对摄影、对金丝猴、对野生动物保护、对我们这个美好生态家园的无尽热爱与执着精神的感染吧！

此时大雪纷飞，我的博士生已经早早等在山上，于老师从北京来西安的航班已订好，可谁知山路又突然断了，期望她能再次来到野外研究基地。

西北大学生命科学学院教授、
国家优秀青年科学基金获得者

齐晓光

2021 年 11 月

序三

树立生态文明理念，科普需先行

说到金丝猴，陕西地区的人们并不陌生。年幼时，我心中有许多疑惑，比如，金丝猴真有烟盒上画的那么漂亮可爱吗？它们生活在哪里？平时喜欢吃什么？它们与人类有什么关系？

也许是命运的巧合，我大学学的专业是生物，因此对金丝猴有一些粗浅的认识，原来秦岭深处就有这种神奇的精灵。不过，我只是泛泛了解。毕业后，我来到周至国家级自然保护区工作，很多亲戚和朋友经常好奇地询问川金丝猴的境况。那时的我参加工作不久，川金丝猴在野外难见踪影，偶尔远远地望见，你进它就退，你退它就进，如同打游击战，远处的群猴如一团团不断移动的金色火球。当我告诉众亲友自己仅有的认知，看到他们有些失望的眼神，我也陷入深深的自责：你还是不是保护区的职工？怎么不多学学关于川金丝猴的知识？怎么不想想如何向公众普及保护川金丝猴的理念和具体实践？

随着保护区工作的不断深入与拓展，我在野外见到川金丝猴的机会越来越多，逐渐对川金丝猴的习性、社群结构、活动规律等有了更深层次的掌握。特别是保护区与西北大学合作在玉皇庙（周至县王家河镇）建立川金丝猴野外研究基地后，大家能对该物种进行近距离观察与记录，并完成个体识别。从此，有关川金丝猴的研究与应用可以说是硕果累累。论文、专著、媒体报道、宣传画册和折页等相关资料，满足了部分从业人员对川金丝猴及其栖息地保护等知识的渴求。如果再有一类面向大中小学生和普通百姓，既系统直观又有趣味性的川金丝猴科普书问世，一定会将人们保护川金丝猴的意识推向一个新高度。可是，这样的科普书谁能做？怎么做？由于保护区与西北大学的合作分工各有侧重，无论谁承担这个大众科普任务，都有一定的难度。

就在我苦苦思考这件事的时候，来自佛坪国家级自然保护区雍严格老师的一个电话，顿时让我看到了曙光。雍老师电话中提及他的一位老朋友——于凤琴老师想来周至国家级自然保护区拍摄金丝猴，如果素材足够，她还想写点关于川金丝猴的科普文章。于老师曾在《中国绿色时报》任职编辑、记者，退休后于中国野生动物保护协会科学考察委员会就职。

经了解，于老师已连续多年在云南白马雪山、湖北神农架、贵州梵净山、西藏芒康等地驻守跟拍金丝猴，已在报纸杂志上发表多篇关于滇金丝猴的科普文章，还出版了两部关于滇金丝猴的科普著作。邀请于老师来周至开展关于川金丝猴的摄影与科普工作，这不正跟我以前的想法吻合吗？不过，我一直很犹豫，因为动物科普工作者须深入第一线，进行长时间观察与了解。这不仅是一项非常艰苦的工作，而且随时会有危险。一位退休多年、本该颐养天年的老人，能否经受这些翻山越岭、爬冰卧雪的考验呢？思考良久，我还是拨打了于老师的电话。很快，电话另一端传来了银铃般清脆的声音。我们聊得很畅快。令人感慨的是，于老师虽然退休多年，但仍旧思维敏捷、精力充沛。

随后，于老师寄来她的作品，我一看就入迷了。书中关于滇金丝猴的内容，图文并茂，语言诙谐幽默，这不正是我梦寐以求的科普图书吗？如果川金丝猴的科普图书由她来创作，一定能成功！难掩内心的激动，我立刻在网上搜索她的书并购买。我要将这些书送给同事，让他们也来分享和借鉴。

几年下来，于老师往返周至七八次。每次来，我都想和她见面聊聊，但事不凑巧，直到书稿出来了，也没能和于老师相遇。不过，我们在网上聊得很多。于老师做科普有独到之处，她总能把难以理解的专业词语巧妙地转化为通俗易懂的语言。她的涉猎范围很广，除了向西北大学的专家和学生了解川金丝猴的有关知识，还与保护站职工谈日常工作与生活，同护林员交流栖息地的生态环境变化，和玉皇庙村民聊移民搬迁和社区发展，与我在网上谈周至国家级自然保护区的发展规划，津津有味地听我讲述保护区的发展与变化……所以，于老师的书稿里不仅有川金丝猴，还有红腹锦鸡、啄木鸟、太阳鸟、松鼠和猛禽，等等。她在书中不断地探索和追寻人与自然的关系，并形成自己独特的见解，比如她对川金丝猴行为的理解，就充满着智慧和思考。

我们约定等书出版后，一定得见面。电话里，我还告诉于老师，如今的周至国家级自然保护区，已在野外布设了300多台红外相机和80多架摄像机，修复了700多亩川金丝猴栖息地，这里还有很多科普素材等着我们共同挖掘和提炼。

　　于老师欣然应允，我们不仅期盼这个时刻的到来，也期盼通过川金丝猴和保护区的公益科普活动，逐渐在全社会树立生态文明理念，让人与自然和谐共处的理念深入人心，形成强大的生态保护合力！

西北濒危野生动物研究所特聘研究员　**司开创**

2022年3月

目录

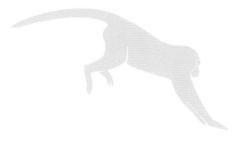

第一章
走进川金丝猴部落

探访川金丝猴的指名亚种

川金丝猴科学命名的来历

川金丝猴最早在四川被发现，法国动植物学家皮埃尔·阿尔芒·戴维（中文名：谭卫道）在日记中曾描述过这个物种。其实，这个物种很早就被中国人认识，在古代的文献中早有记录。

清嘉庆年间（1796—1820），李锡书主持修纂了《汶志纪略》，这是汶川历史上现存最早的一部地方志。书中就有这样一段精彩描述："猴，有数种，皆果食。唯细臂、长股、长毛、金色、赤面曰狨，即猱也。俗名金线猴，鼻露向上、尾四五尺、头有岐、苍黄

四川宝兴川金丝猴（高华康摄影）

色，雨则自悬树，以尾塞鼻也。"根据《汶志纪略》的编纂年限推算，李锡书编纂这本书约在清嘉庆十年，即1805年。这也说明，至少在清嘉庆时期，人们已经发现了这个物种，并将其记录在册。遗憾的是，虽然这个物种很早就被中国人发现，但受科学技术与物种意识的限制，中国人并未对其进行科学命名。这个中国独有的高贵物种，养在深山人未识，最终被一个外国人对其科学命名。

1869年，戴维在四川夹金山西麓的清平村邓池沟教堂担任传教士。其实，他来到中国的目的并非传教，而是把主要精力用于生物标本的采集和制作，在我国的云、贵、川一带，大肆猎杀动物、采集生物标本。同年，戴维和当地人一起去深山采集标本，他们猎杀了6只被当地人称

为金色猴的猴子。这种猴子毛色金黄，个体非常健壮，在林间、树上，如飞禽；在沟壑间、地面上，如猛兽。它们有非常发达的四肢，奔跑起来携风带

雨，又加之靛青色的脸颊，朝天的鼻孔，飘飘然的金色毛发，威风又可爱，令人非常喜爱。因此，戴维在当时给其取名为"仰鼻猴"。

■ 四川宝兴川金丝猴生境（高华康摄影）

1870年，戴维将收集到的"仰鼻猴"标本送到了巴黎博物馆，后来改称"金丝猴"。由于这种猴在四川被首次发现，按照动物分类学要求与物种命名原则，人们需将这个物种的发现地与生物属性相结合进行科学命名，这种猴被确定为川金丝猴。这便是川金丝猴这个物种发现与命名的来历。

闪过一道黄色弧线

2002年，一个偶然的机会，我来到四川宝兴县蜂桶寨国家级自然保护区，做一个关于大熊猫选题的采访。当时，有一只野生大熊猫多次光顾一户农家，不仅吃了农家的东西，还打烂了锅碗瓢盆。有一次它竟然坐在农家的灶台上，吃光了一锅红薯，还把粪便拉到锅里。为了能邂逅这个不速之客，我在四川省林业厅的

一名工作人员的陪同下，来到这个保护区。虽然我为探访大熊猫而来，却意外地造访了戴维当年命名川金丝猴的地方。由于时间有限，我们在这两天的深山探访中并没有见到这里的川金丝猴，但据当地人和保护区的工作人员描述，这里确实有川金丝猴，而且是一个不小的种群。

后来，我多次到四川采访，得知四川省内22个县有川金丝猴栖息。我很想目睹川金丝猴的芳容，或者拍摄到它们的真实面容，但是，经过几次探访，我始终未能与之相见，这就成了一种奢望。

2006年，我又有幸到四川卧龙参加一个关于保护大熊猫的活动，便向四川卧龙国家级自然保护区的工作人员表达了探寻川金丝猴的想法。保护区工作人员给予我很大的支持与协助。第一

天，我们去了木江坪，但是没有见到川金丝猴。第二天，我们去观察大熊猫，在一个叫大平台的地方，却与川金丝猴不期而遇。大平台地处一片林子的下面，那里草木较深。当保护区的工作人员发现那里的一群川金丝猴时，那群川金丝猴也发现了我们。猴群立即紧急集合，犹如一条闪电迅速离去，我只看到了一条黄色的弧线。

2007年，我从四川九寨国家森林公园完成采访后，应九寨县白河国家级自然保护区的邀请，来到白河国家级自然保护区进行采访和拍摄。当然，我最想见到的仍旧是这里的川金丝猴。据当地保护区的工作人员介绍，白河是川金丝猴分布密度很高的地带，也是最有希望看到川金丝猴的地方。可惜，我们在白河保护区内寻找了3天，还是没能见

到它们的踪影。

后来，我把观察川金丝猴的目的地转移到了秦岭与神农架，特别是认识齐晓光老师后，他给予我许多帮助与指导，也正是从那时起，我才正式踏入近距离观察川金丝猴的旅程。

不期而遇

谁知，在多次观察了陕西周至、洋县、佛坪和湖北神农架等地的川金丝猴后，在一次活动中，我近距离地观察到了四川省平武县黄羊乡的川金丝猴。

这里的川金丝猴和神农架川金丝猴的相貌极其相似，它们也群居在一些高大的树上。为了科研和观察，在一些特殊时间，当地人定时、定点为这个种群投放一些食物。这里的川金丝猴种群，是由几个甚至十几个小的家庭群组成的一个大的生活群体。和其他地方的川金丝猴种群一样，猴群里也有一个由几十只雄猴组成的生活群体——全雄单元。整个全雄单元，既有老年雄猴，也有刚刚离开原生家庭的亚成体。

据当地人介绍，这群川金丝猴主要生活在黄羊乡一带，和其他乡镇的川金丝猴也有一些来往，有时，它们偶尔会混群，但很快会分开。这群猴子多在当地的针阔混交林的树上采食，也时常下到地面采食、玩耍，一般都在树上休息。这群猴子很调皮，

■ 陕西周至川金丝猴

■ 陕西洋县川金丝猴

■ 湖北神农架川金丝猴

它们虽然以树的幼芽、嫩叶、树皮、果实以及竹笋、竹叶等为食，但偶尔干一些捉昆虫、掏吃鸟蛋的事儿。

当然，川金丝猴最喜欢的食物还是松萝。它们摘取松萝的动作极其娴熟，如仙女纺纱，似织女抽丝。它们将松萝放进嘴里，优雅得像淑女或绅士。有位当地管护这些川金丝猴的护林员告诉我，川金丝猴在那些挂满枝头的松萝间穿梭，它们完成进食后，在高大的树林中来来往往，如履平地；在树尖上跳跃，似荡秋千；在高大树木的树丫上抱团休息，像人在打盹……

据护林员描述，其实川金丝猴生存很不容易，随着经济发展的脚步加快，川金丝猴的栖息地越来越狭小，猴群之间多成孤岛状，这对种群的繁衍很不利，长久下去也会影响基因的交流，或

造成基因的退化。

由于川金丝猴生活在高原地区，它们的食物也随着季节更替和食物来源的变化而变化。这些原本非常怕人的精灵，也会从高山原始森林群落向下迁徙，有时也会到农田或者农家附近去取食。特别是冬季暴风雪后降温天气，它们会向村庄移动，寻找食物。

从采访及观察中我们得知，生活在国家级自然保护区内的川金丝猴无疑是幸运的，无论生存环境还是食物，都得到了一些保障。特别是生活在四川卧龙国家级自然保护区的川金丝猴，它们与野生大熊猫的活动区域高度重合，是典型的野生大熊猫伴生动物。它们栖居的大多是生态保存完整、生态体系健康的地方，那里一般会有良好的高山原始森林，森林中有较丰富的川金丝猴

四川平武川金丝猴（薛康摄影）

食物。因此，生活在这样区域的川金丝猴大部分都种群兴旺，个体健康。

　　然而，并不是每一个川金丝猴种群都生活在国家级自然保护区内，那些栖息在自然保护区以外地区的川金丝猴，毕竟少了一些庇护与关爱，生活上相对要辛苦一些，来自人类与自然界的威胁也相对多一些。近些年，随着生态文明建设的不断加强，人们对川金丝猴的保护力度也加大了。国家在加强生态安全的同时，对川金丝猴栖息的地方也加大了保护力度。目前，一个生态健康、生物多样性完备的川金丝猴乐土正在形成与恢复。我们有理由相信，这种完备的生态体系一定会孕育出更多的生物多样性的明星物种，让这些神奇的物种与人类长久共存，这也是我们共同的愿望。

陕西佛坪川金丝猴

■ 四川平武川金丝猴栖息环境

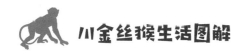

一波三折的秦岭观猴之旅

一场山洪隔断了
15年的渴望

2017年秋，秦岭深处，连绵的秋雨，一场山洪就此暴发。位于渭河平原中部、秦岭北麓的陕西省周至县多地遭遇洪水的袭击。从西安通往周至王家河乡的公路被冲毁，从周至县城到国家级自然保护区玉皇庙观猴点的山间小路的交通也中断了。

原本从西安到玉皇庙的路程只有50多千米，一大半都是柏油马路，只有一小段是土路，开车也就一个多小时。现在，由于王家河乡的公路中断，我们想去玉皇庙就只能从佛坪绕山路，

行程陡然变成了300多千米，需要6个多小时。因此，我们从北京出发，无论乘坐什么交通工具，到西安或汉中后，想要去往周至玉皇庙观察川金丝猴，都要绕道佛坪。已经整装待发的我和另一位同事，等待了约一个月，路始终没有修好。后来，我们准备从佛坪上山，再辗转到位于周至国家级自然保护区的王家河乡的玉皇庙。从佛坪到玉皇庙的那一段路，崎岖又危险，我们正在犹豫要不要冒险时，玉皇庙那边又传来消息，那条险路也被洪水冲坏了。交通受阻，我们计划好的行程，也只能一拖再拖了。

玉皇庙是观察川金丝猴的中心地带。自2001年始，西北大学的灵长类专家与周至国家级自然保护区合作，在这里为一个川金丝猴种群投放食物，进行科学研究。历时十几年，他们的研究成果时常见诸国内外核心期刊，令业内外瞩目，媒体也常有报道。

科学学术研究与科普宣传像两股赛道上跑的车，研究人员有繁重的科研任务，往往顾不上科普与宣传。民众想了解有关这里川金丝猴的情况，大多依靠新闻媒体。新闻媒体往往报道有热点的动态新闻消息，信息量总是有限，这对想更多地了解川金丝猴

■ 陕西周至川金丝猴栖息地（陈金武摄影）

的人来说，真是意犹未尽。

就在这时，我的《响古箐滇金丝猴纪事》和《滇金丝猴生活图解》相继出版。原佛坪国家级自然保护区管理局局长——雍严格老先生给我打来电话，他建议我去陕西周至国家级自然保护区看一看。接到邀请之后，我快速做好进行长时间野外观察的各项准备，一切就绪，就在要出发时，却因交通问题而搁置。

去周至观察"拜访"这群川金丝猴，这是我从2002年就有的愿望。通过雍严格老先生拍摄的野外作品，我第一次看到这些金发飘飘、面部带碧蓝色脸谱的秦岭川金丝猴的影像，便被其独特的外形深深地吸引，且惊叹不已。当时，即使在研究领域，这些猴子也充满了神秘感。对于普通百姓而言，很多人连这个名字都没有听说过。

后来，一个偶然的机会，我去了湖北神农架，在那里看到了梦寐以求的川金丝猴（川金丝猴湖北亚种）。也许受雍老先生拍摄的那些川金丝猴图片的启发，

■ 湖北神农架川金丝猴

我对亲自拍摄秦岭川金丝猴（川金丝猴秦岭亚种）有一种强烈的渴望。

一晃就到了2017年，这一场15年的牵挂与渴望，就在我将要与川金丝猴相逢的时刻，却又因山洪破坏道路与其失之交臂。满腹的激情被无尽的遗憾取代，好在我还不算太老，感觉自己近几年上山还没有太大的问题，以后还会有机会。我只有不断地调整心情，安慰自己。

与玉皇庙川金丝猴面对面

"阳春布德泽，万物生光辉。"天无绝人之路，就像在科学家眼里，地上不会生长无名之草一样。就在牵挂与思念、郁闷与烦恼交织的时刻，春天的脚步渐渐地近了。

2018年5月，周至国家级自然保护区司局长的一个电话："去玉皇庙的路开通了！"瞬间把我的焦虑冲刷得干干净净。我的精气神提升，如同从山的谷底飙升至顶峰。五一劳动节过后，我第

陕西周至玉皇庙观猴点大草坪上的东梁川金丝猴

一次踏上了去往周至国家级自然保护区观察川金丝猴的征程。

做好充分的准备，带上至少足够生存一个月的行囊，2018年5月9日早上6点半，我从北京坐高铁出发，到达陕西省洋县西站已经是下午6点，坐上同伴的越野车继续前行，只恨进山的路太长。山路崎岖不平，路两旁的岩壁上多处有落石。好在同伴的开车技术足够让人放心。我们在险象环生中行进了3个多小时，已经是晚上9点多了。上山的路非常险要，一路上，司局长不断打来电话询问进程与路况，他告诉我们，前面的路更加险要，当天晚上不能再往前走了。按照司局长的电话指引，当晚，我们借住在黑河国家森林公园。

第二天，我们起了个大早，继续赶往玉皇庙。通往玉皇庙的路还在抢修当中，我们一路停停

■ 在川金丝猴社会中，在这种环境中休息的家庭，地位属中等

■ 中午时，地位高的家庭已经吃饱喝足上树休息了，地位稍低一些的家庭还在地上捡食玉米

■ 大草坪下面的小河是这群川金丝猴到投食点的必经之路

走走，走走停停，到了玉皇庙的时候，已经是上午11点了。

玉皇庙川金丝猴观察站的辛站长安排我们住进一个陈姓的老乡家。听老乡说，我们距离观猴的地方只有几千米的路程，我心里越发有点急不可待。安顿好行李，按捺着内心的激动，我们在老乡家中草草吃过午饭，在保护站小李的陪同下，向观猴点奔去。

大约两千米的山坡小路，我却感觉走了很长时间。背着近20千克重的拍照设备，我也走得大步流星，生怕稍微晚一点就见不到日思夜想的川金丝猴了。

我们走过一个山弯，眼前豁然开朗，高山下的一片草坪迎面占据了整个视野。草坪左侧有一条清澈无比的河水。河床一侧位于山之阳，稀疏的树木下面、石头堆的缝隙里钻出密集的绿色植物，开着各种野花。岸边形状各异、颜色繁多的硕大石头，错落排布，有的圆润，有的斑驳，有的像怪兽的牙齿，尖锐且锋利。河床的另一侧位于山之阴，放眼望去，黑油油的一片森林，葳蕤而苍翠。

我正在搜寻猴子的身影，发现一只大雄猴坐在河岸边遥望着对岸。顺着这只大雄猴眼神的方向望去，眼前的一幕差点儿让我惊叫起来。一群大约300只个体的川金丝猴猴群正在那里。"啊！"我情不自禁地叫出声，跳入眼帘的金灿灿一片，那可都是川金丝猴哇！定睛细看，它们有的在捡食地上的食物，有的相拥小憩，有的为其他个体理毛，有的一大家坐在树丫上打瞌睡，那些出生不到3个月的小婴猴儿正三三两两地在草地上玩耍……

这么多年，我虽然在野外看到过几次川金丝猴，但从来没有同时见过这么多的川金丝猴，而且是如此近的距离，实在是令人

■ 这是一只被挑战者打败的雄猴，此时，它正遥望河对岸草坪上昔日的妻子儿女，神色黯然

意外且震撼。我使劲地用右手掐了一下左手，感觉有些疼痛。这一切是真实的！我立即将摄影包放到眼前的一块大石头上，用有些颤抖的手，从包里往外掏装备。

我手忙脚乱地支起三脚架，安装好相机，对着眼前草坪上的川金丝猴一阵狂拍，持续了至少20分钟。这群川金丝猴也是见过大世面的，它们对我们的到来，不悲不喜、不恐不惊、不卑不亢。它们对相机发出的快门声，似乎已经司空见惯，根本不予理睬。仿佛眼前的这一切躁动，根本都不曾发生一样。这时，我才想起在相机上回看一下，看看这组照片拍得怎么样。谁知这不看还好，一看却气得我差点儿把相机扔了！

原来，我的相机里面根本没装储存卡……

我赶紧装上储存卡，又重新拍摄。

■ 雌猴虽然有了新家庭，但偶尔也会瞥一眼落寂的"前任"

走进玉皇庙的另类村落

第二次走进玉皇庙时，我的心里踏实了许多，虽然离第一次

来玉皇庙才过去4个月，但是我感觉像过了半个世纪那么长。当

第三次到玉皇庙时，我对这里已经不再陌生，一路上，我细细地

陕西周至玉皇庙

打量这个神奇而又平凡的地方。

一个原生态的村庄

玉皇庙位于周至县城东南方，属王家河乡辖区内。这是一个狭长的河谷地带，清澈的山泉汇成河流，清新明亮，沿村庄脚下而过，欢蹦乱跳地流向远方。村民们依山而居，傍水而住。山上山下，几十户人家，过着日出而作，日落而息，鸡犬相闻，邻亲理道的田野生活。

与这些民宅为家、为邻的不仅仅是这里的村民，还有一些野性邻居：环颈雉、红腹锦鸡、雉鹑类等，它们时常飞进村民的果园里、菜地间，在田野中或觅食，或嬉戏。它们毫不避讳村民的眼神，公然在众人的目光下调情求偶、炫舞交配。村民们对此也习以为常，见怪不怪了，任其肆意而为。角枭、横纹腹小枭、纵纹腹小枭、绿啄木鸟、大斑啄木鸟、白背啄木鸟，等等，更是没有把自己当"外人"，它们在村民住宅的房梁上、顶棚处随意过夜。更让人奇怪的是，啄木鸟竟然可以与猛禽同在村民住宅的顶棚处过夜，相安无事，互为邻里，各得其所。

■ 啄木鸟是农家的常客，房梁上、屋檐下，土墙墙壁上，都是它们觅食的地方。即使它们把农民的房子啄得千疮百孔，也不会被驱赶

■ 麻雀和伯劳也看中了这块宝地，这两个原本相克的物种，竟也相安无事地生活在同一屋檐下

■ 纵纹腹小鸮更是奇怪，它们时常站在农户门前的土堆上向屋内张望，白天就在农户家中的顶棚上休息，居然还和绿啄木鸟同处一室

■ 村边的草地是环颈雉的乐园

■ 红腹锦鸡一点儿也不示弱，赶走环颈雉后，这片草地便成了它们的角斗场（冯江摄影）

　　而且，这些不由分说住进村民房子的外来者，不仅从不把自己当成"客人"，还会以另一种主人的身份自居，时常对主人家烧饭时冒出的炊烟表示不满。它们会站在主人家堂屋中间的横梁上，有恃无恐地抗议。若无人理会它们的抗议，它们就会动用腹中的"化学武器"，喷射主人家。一般情况下，只要这些鸟儿表示出强烈的抗议，主人家都会照顾这些示威者的情绪，他们或者熄

火停炊，或者调理炉灶，减少因烧饭而产生的柴烟。

宽厚的村民和顽皮的猴子

川金丝猴天生顽皮，耍起花样来常常让村民哭笑不得。据当地农民讲，这些猴子有时会几十上百只结伴光顾农田，"帮助"村民"收秋"。它们将地里的萝卜一个一个地拔起，有的咬上一口，有的随手扔掉，有时竟会在萝卜上屙屎屙尿，待疯狂打闹一通后，拍拍屁股，嬉笑离开。

遇到这种情况，村民们往往喜不得怒不得，哭也不是，笑也不是，甚至连个说理的地方都找不到，就这样，几个月的辛劳与汗水，不出半天就被毁于一旦。

村民陈志国告诉我，这里有两个大的猴群。一个是东梁猴群，一个是西梁猴群。虽然都是川金丝猴，且是同一亚种（川金丝猴秦岭亚种），但它们的性格和品行却不尽相同。他说："东梁群的猴子仁义，从不祸害老百姓的庄稼，也不吃老百姓的萝卜；西梁群的猴子顽劣暴虐，经常下来捣乱。"说此话时，陈志国一副漫不经心却无可奈何的表情。在他们的心目中，祸害人是猴子的天性，人岂可与猴子一般见识？村民大多持这个观点，当然，这个观点无奈中也包含了他们对当地川金丝猴的宽容与爱护。

村民说："东梁群的猴子仁义，西梁群的猴子顽劣。"

■ 高大的泡桐摇曳着紫色的风铃，蓝喉太阳鸟（右图）吸食花蜜，北红尾鸲（左图）在一旁观看

听了陈志国这番话，我对眼前这位壮年男子突然心生敬意，觉得他们对猴子的态度正是研究者所期望的。这种态度与方式，体现了人与动物的和谐相处。在当今野生动物生存空间越来越窄的条件下，为野生动物与人类建立友好型社会，显得尤为重要。

由此我改变了行程计划，此次观察川金丝猴期间的食宿，就打扰他家了。

安顿好行李，在陈志国的指引下，我和同行的影友"二马兵"背上相机，扛起三脚架，在周至国家级自然保护区管理局双庙子保护站工作人员小李的陪同下，向东梁观猴点进发。

东梁观猴点位于玉皇庙两山夹一坪的坡地上。坪的正面是清澈见底的溪水，两岸是由各种阔叶林、杂灌木、花草组成的错落有致的植被。坪上长满了各种花草，一片片盛开的蒲公英如黄金铺地；地上的益母草正在拔节长高，生机勃勃；高大的泡桐开出一串串紫色的花朵，随风摇曳，像仙人投下的风铃……川金丝猴的家园，草木葱茏，春意盎然。

一个敬业的研究团队

我们到达观猴点时，正值中午，大多的川金丝猴正在午休。在这里做观察研究的西北大学硕士研究生刘晓杰等人，正在认真地做记录。刘晓杰是西北大学齐晓光教授带的硕士研究生。时光如梭，回想当年我和齐晓光一起出野外时，他还是在读博士研究生，如今已经成为博士生导师，带硕博研究生了。这些年，我屡屡看到齐晓光老师多篇非常有见地的论文在国内外多家刊物上发表，由衷地为他所取得的成就而喜悦，同时，也深感岁月有些咄咄逼人。

如今，我和齐老师的学生也算是老熟人了。看到保护站的小李带着我和另一影友的到来，晓杰很客气也很热情地招呼我们。

待大家坐定后，话题自然是那些还在午休的川金丝猴。晓杰慢声细语地告诉我："眼前正观察的这个群体，有200多只个体，其中有50多只婴猴。按照川金丝猴的生理特点，现在正是它们的受孕期。有的雌猴已经怀孕，有的还在备孕，生理反应已经出现。这也标志着一个新的生命周期即将来临。"

听了晓杰专业详细的介绍，我感叹一个女孩做野生动物研究本就不容易，还能做得如此一丝不苟。顺着她的手势望去，眼前这棵高大的树上，睡着一树的川金丝猴。它们有的两两相拥，有的单独坐卧，也有的几只挤在一起头背相依，梦犹正酣。

"一个家庭会有这么多只猴子吗？"晓杰明白我想表达的意思，她告诉我说："周至这个地方的猴群，数量比较多，彼此比较宽容，特别是在投食处取食时，彼此不争抢，都在一起吃。休息的时候，家庭界限也没有那么严格，也有两家或几家合处一树的。"听了晓杰的讲解，我很诧异，也激起了我对川金丝猴更大的兴趣。

这样的彼此宽容与界限模糊，在滇金丝猴中是不可能的，它们的领域界限非常明显而且严格。如果侵犯了别人的领域，入侵者就会被教训或挨打。看来川金丝猴与滇金丝猴相比，的确有许多不一样的地方。

正要往前走，只见两只看似年轻的雄猴紧紧地抱在一起，再仔细看，的确是两只雄猴。再往其他地方瞧，有许多猴子正成双成对相拥而眠。这些相拥而眠的猴子，此时可能正在做着美梦，真是不忍心打扰。我一边想，一边取出相机。有了上次的空拍教训，我这次一一检查后，才按下相机快门，千万不能再

西北大学的研究人员正在做观察记录

犯上次不装储存卡还猛按快门的错误。

瞬间，一幕又一幕的温馨画面被摄入我的相机中。拍下这些画面，我顿感神清气爽。这时，随着一个人的吆喝声，几只川金丝猴出现在对面山顶的一堆裸露的石砬上。原来，发出吆喝的这个人是当地农民，他准备去山上采野菜，路上遇到了这个单独行动的川金丝猴家庭。这里的农民都知道，川金丝猴是集群生活的动物，若是一只或是一个家庭落单，很有可能会被附近的猛兽盯上，这样，它们的处境就危险了。于是，采野菜的农民暂时放下采野菜的活计，将这几只川金丝猴赶下山来，好让它们汇集到大群之中。

这个川金丝猴家庭的家长似乎明白了这个好心农民的心意，它们从树尖上一路前行，蹿来跳去，不到20分钟，便从梁顶下到沟底。这家猴子坐在河边，歇息片刻，喝了几口清凉的山泉，然后才慢悠悠地回归到大群。看着这个家庭入群之后，这个农民又站在河边望了一阵猴群，才重新上山去采摘野菜。

看到眼前的这一切，我问晓杰，这里的农民都像这样喜爱川金丝猴吗？晓杰回答我说："这个村庄的人都喜欢川金丝猴，从来不会伤害它们。即使到了冬天，猴子有时会下山，来到村民的房前屋后，村民也不会伤害它们。若是遇到下雪天，他们还会拿出家里的萝卜、玉米给猴子吃。这些猴子也知趣，吃完了，它们就主动离开村庄。"

我被这些川金丝猴与村民之间的故事所吸引，所感动，这才是真正的睦邻友好，和谐相处。

■ 两只年轻的雄性川金丝猴相拥。两只年长雄性川金丝猴向远处观望，也许它们发现了什么端倪

第二章
观察川金丝猴个体

等闲识得真猴面

野生动物观察及研究的第一步，也是最基础的工作，就是对研究对象的识别。在识别野生动物中，识别物种相对容易一些，尤其灵长类物种更容易识别。但是，如果对一个大的物种种群中的每一个个体进行识别，就没有那么简单了。对灵长类动物，人们要认清楚每一只个体，还真不是一件容易的事情。

东梁川金丝猴
下山取食趣事

我们所观察的玉皇庙东梁这个川金丝猴种群有170到200只个体。当然，这些猴子不会每天悉数聚集在一起，就像我们人类

不同角度拍摄的"春风"

去赶集或去开会，有些人或者有事或者不想参加而缺席。川金丝猴也是一样，尽管这些川金丝猴不是每天都全额出席，但每天到达投食点的，仍然有90％以上，最少时也有170只。

在观察期间，我们发现，这群猴子还是很守时的。每天，在定点定时投放食物的前半个小时或者十几分钟，这些川金丝猴从山上一拥而下，特别是听到护猴员——"猴哥哥"的口哨声，它们便如潮水般，从山顶上倾泻而下，争先恐后，迅速到达。

我在观察期间，曾经去丈量过这些猴子每天行走的大致距离。从投食点出发，到达它们晚上的夜栖地有四到五千米。这可不是四五千米的柏油马路，一路上山或者下山，在陡峭的山体上爬行，根本没有路可走。凭我们的脚力行走，最少也需要三到四个小时。可能会有人质疑，四五千米竟然要走那么久？俗话说："要想知道梨子的滋味，就要亲自去尝一尝。"东梁川金丝猴所在的区域几乎是无人区，连茅草路也没有。上山时，我全凭扯着树枝、杂灌木助力，几乎是四肢行走。横着的树杈和斜着的枝条，牵衣扯袖，热情异常，抚在脸上，刮在头上，蹭破点皮，出点血，这都是常有的事，让人恼不得，怒不得，哭不得也笑不得。

川金丝猴却没有这些羁绊，它们的路在树冠上。它们借助两树之间的距离，飞如燕，跳如鼠。即便在杂灌丛中钻行，凭它们的身体结构和行走方式，也比人容易得多。

站在山下投食点看，刚刚还露出一个小脑袋在山尖上晃动，眨眼的工夫，它们就来到你的面前，像突然出现在投食的草坪上。每每此时，我常常想，人类进化到两条腿走路，与自然相处的能力到底是进步还是退化，真是不太好说。

当然，猴子行走加跳跃，速度非常快。但它们在行进的过程中也会发生一些意外的事儿。比如这只猴子挡了那只猴子的路，那只猴子在跳跃时碰了这只猴子的肩；甲猴踩了乙猴的脚；丙猴撞了丁猴的头；或者这个家庭和另一个家庭发生了某种不愉快，在路上打起来，这些都是常有的事儿。有些半大不小的亚成体，行走间已经失去了母亲的裹挟与保护，但自己的跳跃能力还达不到成年猴的功力和速度，有时候太累了，走不动了，其他家庭成员还要等它们一会儿，所以，每个家庭到达投食点的时间，也有先有后。

观察这群川金丝猴下山取食，是一件非常有趣的事儿。这期间你会发现很多的不同，家庭群可以大致分成几类。第一种，听到投食哨声如离弦之箭不管不顾的。特别是个别的主雄，只要听到哨声，根本不顾其妻子儿女，就一味地跑啊，跳啊，蹦啊，长驱直入，恨不得一蹿就到目的地，我把这类猴子叫作急性子猴儿。第二种，慢条斯理的。有的川金丝猴家庭，全家都是慢性子，无论哨声怎么响，"猴哥哥"怎么吆喝，它们就是不紧不慢，不慌不忙地走，一路上，摘几片树叶放到嘴里品尝一下，看到合适的树墩、石块坐一下，有时还相互理毛，歇息几分钟。我将这样的家庭归为慢性子猴儿。第三种，走走停停、张弛有度的家庭。它们虽然想早点到达，但

作者在现场观察与拍摄（王辉摄影）

31

不像前面说的那个主雄，火急火燎的。它们表现出极强的节奏感。我给这样的家庭取了"淡定猴儿"的名字。第四种，最让人看不懂的全雄单元。面对那些吃的，这些"单身汉"们不可能不垂涎，加之它们每只个体都无家庭牵挂，行走起来个个有如猛虎下山的体力，但它们却不能表现出那种食欲的强烈。按照川金丝猴的伦理，在大群里，它们不可先行一步，只有等其他有妻有儿的家庭成员全部到达，开始进食了，这些"单身汉"们才一路环顾四周，像受气包一样，蹑手蹑脚地来到投食处的边缘地带，捡食别个的残羹冷饭。看到这些，我们不知道，这些"单身汉"们的内心，每天都要经受怎样的纠结与煎熬。

观察完这个过程后，了解了不同性格不同脾气的家庭与个体，这对我们完成个体识别有很大的帮助。后来，我们也随"猴哥哥"上山去找猴，有时在半路等待观察，有时跟着回夜宿地的猴群走上一程。这些经历固然难忘美好，但我们的鞋子很快穿烂，衣服被刮得"漏洞百出"，也付出了流血的代价。

这时，回到投食现场，在近200只的猴群中，观察它们的行为，虽然有了一点积累，但这仍然还是一件很有挑战性的工作。为了尽早完成这一工作，我们也相应地改变了计划与策略。后来，我们每天要顶着星月出发，必须赶在猴子到达之前先到达投食点。我觉得自己原本就是一只笨鸟，加之体力也不如年轻人，只能先飞。那些天，当山川、峰峦、小溪、清泉、花草、树木都还在沉睡中，我已经出门了。此时，我背着重重的行囊，在寂静的山野里穿行在茅草路上，呼吸着带有冷清味道的空气，往往会产生一种既期待又有一丝悲凉的感觉。

当晨晖初上，阳光透过茂密森林的缝隙，斜射到地面，像万箭齐发的暖流直透筋骨，并渗入心间。此时，我也会享受到那些远离自然的人们永远也无法企及的温暖。若是此时，再有几只松鼠贼溜溜地从面前跑过，伴有几只吃饱喝足的鸟儿，悠闲地站在开满鲜花的枝头上，道一声"早安"或者"你好"，这时，内心别提有多安慰，多惬意了。

然而，就在自己陶醉于大自然带来的舒畅时，眼前，突然闪现出几百只的一群川金丝猴。它们看似千猴一面，金发披身，蓝色的脸谱上顶着金黄或闪着橙色的发冠，有的怀中抱着婴猴，有的相互依偎，有的紧紧拥抱，

■ 雄雌辨认

■ 幼猴辨认

有的背靠大树，可谓千姿百态，各具情趣。这时，自己会下意识地觉得是否走错了地方，是否来到了陶渊明笔下的世外桃源。突发奇想，这里也许就是最原始的看"黄发垂髫"，享"怡然自乐"的原生态。此时，那份愉悦与兴奋无论用什么样的语言都难以描述。

识别个体闹出的笑话

来到川金丝猴群，人们要想对它们有更深入的了解，就得慢慢地去靠近它们。当然，这不是一朝一夕就能完成的，更不是一蹴而就的事。川金丝猴是灵长类中与人类最接近的动物之一，它们不仅有灵性，更有智慧。与其说我们观察它们，倒不如说它们也在观察我们。其实，它们察言观色的能力，一点儿也不亚于人类。

也许，就是这种察言观色的能力，使它们能体会到，眼前的这个人是善良还是邪恶。我一直相信，动物对人是有感知能力的。记得小时候，我家里养过一条狗，奶奶给它取名"小黑"。"小黑"到我们家时，才28天。它还不会吃东西，那个年代又没有牛奶喂它，奶奶每天把干粮咬碎了喂"小黑"，一直喂到它会自己吃东西。"小黑"很乖，很少发出叫声。后来，"小黑"长大了，邻村的一个兽医给它做了绝育手术。从那时起，"小黑"只要见到这个人便狂吠不止，这人若是从我家门前走过，"小黑"会吠到其身影消失。

在云南白马雪山做滇金丝猴观察时，一个当地傈僳族护猴员给我讲了一个自己亲身经历的故事。他以前专门狩猎，滇金丝猴曾是他的狩猎对象。那时，他上山寻找滇金丝猴，滇金丝猴对他的出现如临大敌，望风而逃。后来，他放下猎枪，成了一名滇金丝猴保护员。当他再上山寻找滇金丝猴时，滇金丝猴对他表现出友好的神态，能在百米以内和他对视。这说明，金丝猴这个物种的内心感应能力是非常强的。因此，想真正与这些精灵们成为朋友，人们也必须真情付出。

如何真情付出？你要拿出真诚的情感与它们交流，起码要让它们感觉到你没有恶意。这样，时间长了，这些精灵们就不再敌视你了。这时，如果在不经意间，它们出现在你的面前时，它们那几百双眼睛会惊奇地望着你，紧盯一会儿后，见你对它们没有恶意，它们会在分分钟恢复到自然状态。此时，你若是静下心来，认真打量它们是哪一家的哪一只个体时，也会突然感觉自己是一个另类，仿佛不是自己研究这些川金丝猴，倒更像自己是这些川金丝猴的研究对象。

其实仔细想想，我这种感觉一点儿也没错。人们要想深入地研究川金丝猴，自己必须有牺牲精神，先让自己"原形毕露"，在它们面前把自己的各种行为暴露无遗，这样才能置身于它们当中，让其看个明白，看个透彻。当它们先认识了你这个研究者，我们才有可能去逐渐认识它们，甚至成为它们当中的一员。因为在它们面前，我们是小众，它们是大众，大众认识小众，当然要容易得多。

对于人而言，在一个庞大的野生动物群体中，对每个个体的辨认，的确需要耐心和方法。比如一个村妇，她养了50只鸡。这些鸡都是她从鸡雏开始养的，随着这50只小鸡的长大，她在每天的喂食、看护中，不断看到这50只小鸡羽毛、个体大小、吃食特点等方面的变化，她就会很好地记住它们每只个体的特征，也会很容易辨认出它们中的每一只个体。但是如果将这50只成年鸡一下拿到另外一个村妇家中，让她在短时间内辨认出每只个体，就不会那么容易了。

那么，作为动物的研究者，怎样才能尽快地辨认出研究对象呢？就是要抓住这些动物的某些特征。例如，对于鸡这一物种而言，首先从性别上区分，先分清哪些是公鸡，哪些是母鸡；其次从个体大小上区分，哪些鸡的个头儿大，哪几只个头儿小；然后从羽毛的颜色上区分，哪些鸡的羽毛是红色的，哪些鸡的羽毛绿色多一些，哪些鸡的羽毛是黄色的，哪些鸡的羽毛是芦花的；最后从它们头顶上的鸡冠上去辨认，等等。其实这些辨认方法，都是从特征上去辨认。鸡是我们常见的物种，每只鸡的个体差异比较大，因此，辨认相对容易。

如果是辨认人呢？可能会有人说："那太容易了，我阅人无数，没有认错过一个人，因为没有两个一模一样的人，即使是双胞胎，也还是有区别的。"但这可能是中国人看中国人，所以容易区别。虽然都是同类，如果你从来没有见过外国人，比如同是欧洲人或者同是非洲人，一下来到你面前十个或者几十个，让你去辨认，你可能感觉他们长得都一样，很难区分。但时间长了，如果你记住他们每个人的特征，就可以将他们区别开来。

对猴子的辨认，却比辨认人要难得多。也许有人说，人与猴子都属灵长类，从同源性来说，

青年时期　　　　　　　中年时期　　　　　　　老年时期

■ "大胆"——不同年份拍下的同一只雄猴

人和恒河猴的基因有93%是相同的，怎么会不好辨认呢？其实，尽管从生物学分类上，人与猴子同为灵长类，在基因测序上也有极高的同源性，但无论相貌特征，还是生活习性，人和猴子之间的差异可不是一星半点儿。在观察中，我们只要看看猴子，再看看自己，就一目了然了。

最初到玉皇庙的时候，我们每天都去观察这群川金丝猴，感觉它们就像一个模子里刻出来的。刚刚接触时，首先感觉场面很壮观，几百只的猴群，无论在行进中或者觅食时，都是黄黄的一大片。再仔细观察后，我们首先认出了大雄猴，然后找抱着孩子的雌猴，再就是幼猴。几天下来，这个概念已经先入为主了。

只要是没有抱孩子的猴子，我们就将其归类到雄猴当中，只要是抱了孩子的猴子，我们就将其归类到雌猴之列。幼猴和婴猴也很快就区分开了。这时，自己还有点小得意，至少我把"男、女、老、少"分清楚了。为了证实自己的学习进度，我还将每天的辨认结果展示给西北大学的研究者们，请他们核准。

尽管他们出于礼貌，给了我很多鼓励，但还是笑得前仰后合。原来，我把许多没有抱孩子的雌猴都归到雄猴里面去了，也有把"姐姐"和"阿姨"当成妈妈的。这让我得出了第一个观察判定：在川金丝猴群中，抱婴猴的不一定都是妈妈，只有给婴猴哺乳的才可能是妈妈。后来，研究者告诉我，正在哺乳的也不一定都是婴猴的妈妈，因为，在2019年，他们就在研究时观察到有其他雌猴代为哺乳的现象。

还有可能遇上一个"馋嘴"猴偷吃别的妈妈奶的。

为了尽快地取得观察上的突破，我向在这里做川金丝猴研究的西北大学的研究人员学习辨认方法。在这些师生的指导下，我先从辨认家庭开始，在一个几百只的大群里，先确认有多少个家庭。认识了家庭后，我们再去认识家庭中的当家人——主雄。认识了主雄，再辨认它有多少个妻妾，每个妻妾有几个孩子。

用这样的方法，我对川金丝猴的种群和家庭结构有了初步的了解，川金丝猴虽然都在一个大的种群里生活，但这里并没有猴王，而是由众多小的家庭组成的，这些小家庭一起移动，一起觅食，一起休息，在大山深处一代一代地繁衍下去，这才有了这个生生不息的川金丝猴群。

"借过一下"

深入秦岭，与川金丝猴种群面对面

　　自从走进秦岭，随着观察的深入，我越来越觉得这真是一个非常奇特的地方。因为，秦岭不仅是我国南北气候的分界线，也被称为中国生物多样性的基因库。这里不仅有深受世人喜爱的大熊猫，还有国家一级重点保护大型牛科野生动物——羚牛，它们与曾被宣布灭绝后又在洋县重新被发现的朱鹮、国家一级重点保护野生动物川金丝猴共同列为"秦岭四宝"。这里，天上飞翔的、竹林里栖息的、高山上怒吼的和树梢上行走的，一样不缺。

秦岭川金丝猴栖息地秋色

■ 深山中悄然产仔的野生大熊猫（雍严格摄影）

说到"秦岭四宝"，其中每一物种都极其珍贵与可爱，但当下，我还顾不上去研究另三个物种，工作重心还是放在川金丝猴的观察上。经过一段时间深入的近距离观察，川金丝猴对我们也不再陌生，我们对它的观察也更近、更自然。这样，我们对它们的习性也有了进一步了解，行为上也有了许多新的发现。

■ 夏季里秦岭高山上集群避暑的羚牛（雍严格摄影）

■ 求偶期的朱鹮（廖国庆摄影）

■ 灵动可爱的川金丝猴

■ 川金丝猴妈妈们忙于采食，猴爸爸将出生约一个月的婴猴抱在怀里

舐犊之情　父爱尤甚

在陕西周至东梁群我们观察到，这里川金丝猴爸爸带娃的现象很普遍。这种行为，我们在四川和湖北等地的川金丝猴种群中很少发现。

在动物的世界里，无论是灵长类动物还是其他哺乳类动物，哺育、抚养后代多由雌性承担，这在灵长类动物中显得尤为突出。黑叶猴、白头叶猴，从婴猴出生到长成亚成体，几乎一直生活在母亲的怀抱里。滇金丝猴也是如此，婴猴从母体内的脐带相连，到断掉脐带后的胸背相依，我们很少见到猴爸爸亲自抚养它们。

在湖北神农架和四川卧龙、黄羊乡、浪河、蜂桶寨等地做川金丝猴观察时，我们发现猴爸爸直接携带、背负、教导婴猴的情况虽偶有发生，却不多见。但在陕西周至的川金丝猴种群中，我们经常见到猴爸爸背负着婴猴行走。特别是遇上危险或有外群同类入侵的时刻，家庭中的雄猴经常冲锋在前，护妻庇子，一副舍我其谁的大义凛然之态。

2018年的春秋两季，我在周至做观察时，在不到10天的时间里，曾两次拍摄到雄性川金丝猴保护婴幼猴的感人画面。

5月9号上午11点左右，一群在猴群边窥测已久、觊觎主雄之位的外群雄性川金丝猴突然造访，此猴群中雌猴各自抱起自己的孩子，四处躲避。在草坪上，一只婴猴忽然"嗳，嗳"地大声哭喊起来，原来它的妈妈没有在身边。这时，一只雄猴从树上箭一般飞跃过来，它不顾被外群雄猴打伤或被抢

妻夺子之险，用身体护住婴猴，并向来犯者龇牙发出警告。在周至，猴爸爸将婴猴抱在怀中，安慰、抚摸婴幼猴的现象时有发生。

10月17日上午11点53分，川金丝猴猴群中一只雄猴正在为失去母亲的幼猴理毛捉虱，突然，一头黄牛闯入川金丝猴的领地。这个不速之客立即引起猴群

陕西周至川金丝猴爸爸带娃儿是常有的事儿，这在其他地方很少发生

的骚动，警觉与惶恐同时出现。这只正在为幼猴理毛的大雄猴立即转身并发出警告，幼猴也随即将头埋在父亲的胸前躲避。有庞然大物之称的黄牛也只好退避三舍。为幼猴理毛的那位父亲不断地安抚它，并紧紧将其抱在怀中。

雌性英勇　雄性温柔

无论是在灵长类还是其他类的动物界，雌性总是以温柔慈爱而著称，而雄性以彪悍无畏而现身。但是在周至的川金丝猴群中，雌性川金丝猴很多时候表现出英勇与无畏的精神，它们这种柔中带刚，更显锋芒。

2018年10月19日上午10点左右，周至国家级自然保护区内，阳光普照，秋高气爽。猴群与往日一样，在一片森林下面的草地上采食。突然，猴群中一只名叫"黑脸"的大雄猴，不知何故，突然打了一只约3个月大的婴猴一巴掌。这一巴掌下去，引起该婴猴母亲的强烈不满。也许是母性使然，这只雌猴在极度愤怒之中，不顾个体及力气上的差异，上前就对"黑脸"进行掌掴。其他雌猴见此也一拥而上，暴打"黑脸"。雌猴们的暴打与撕咬，引起全猴群的愤怒，接下来整个猴群蜂拥而动，几乎是全体雄猴紧急集合，并像听到了冲锋号角一般，将"黑脸"拖至谷底，进行了约5分钟的轮番暴打，之后多个雄猴又将其压在身下。瞬间，"黑脸"被打得鼻青脸肿，身上伤痕累累。在后来的很多天里，"黑脸"都一直处于崩溃状态。尽管后来也有个别雌猴前来关怀抚慰，但"黑脸"在很长时间都缓不过神来。

川金丝猴过河

在周至，东梁川金丝猴群经常栖息和采食的几个区域，只有一处是草坪。草坪下面有一条河，河水由多股山泉汇集而成。河水的上游没有人家，也没有家禽家畜。熊、麂、羚牛等其他野生动物都在远处的高山上或是森林里，与这些川金丝猴几乎不相往来。没有其他动物干扰，也没有人类活动污染，这里的河水甘甜清冽，明澈见底。也许因为河水太过清澈，流速太过欢快，河中连小鱼小虾也没有。平时除了林鸟偶尔到河中喝水，水鸟都不曾光顾这里。因此，这里的河水，几乎被这群川金丝猴独享。

春天，川金丝猴的食物非常丰富，树上的嫩芽和嫩叶，都是它们喜爱的食物。

■ 大草坪是婴猴们的乐园，这里不仅有好玩的，还有很多好吃的，蒲公英花蕾是许多婴猴喜欢的食物

河的两岸有各种树木。榆树上的大榆钱，一簇簇，一串串，像古代货币中的钱串子，这是川金丝猴很喜欢的食物。每到春天，榆树的枝条上结满了鲜嫩的榆钱，川金丝猴来到树上，无论成年猴还是幼猴，都用灵巧的五指，顺着枝条的方向，向下一

撸，将满把的榆钱填在嘴里，嚼一下，一股清香溢满口腔。哈哈，这也曾是我们小时候的最爱。那时，采榆树钱做菜肴，蒸布拉（一种用玉米面做的面食），那可是真正的美食。

柳树吐芽，榆树结钱，几乎是前后脚的事。柳树也是川金

丝猴喜爱的食物。春天一到，它们先吃柳树的嫩枝条，然后吃嫩芽，再吃嫩叶，最让它们喜欢的柳树大餐要数柳树的葇荑和果实，当地人也管这些果实叫柳树苟儿。柳树苟儿其实也是人的山珍美味，一种地道的绿色食品。春天的时候，人们就着这树苟儿

45

的鲜嫩劲儿，采下来，用开水焯一下，再用冷水拔几天，等将苦味拔得差不多了，捞出来，撒上细小的香葱花，放上花椒芽、胡椒粉、味精等各种佐料和食盐、香油，拌一下，真是一盘上佳的美味。川金丝猴吃柳树苟儿和柳树芽的过程就简单多了，无须加佐料，也无须放油盐，也许，这种原生态的吃法更健康。

在树上采食完嫩芽、嫩叶，川金丝猴下树，再到草坪上采食各种草叶和刚冒出的嫩芽，换个口味。那些等不及先冒出头儿的、开花的荠菜、蒲公英等野草野菜，张着笑脸，任由这些长发披肩、绒毛附体的老幼国宝们，或饕餮，或细品，怎么看，那都是一幅极美的画卷。

吃累了，口渴了，老幼不一，挈妻携子的川金丝猴便大摇大摆地到草坪下面的河中喝水。喝够了水，在河边歇一会儿。有个别更有趣的猴子，还对着河水照镜子，将黏着花草汁液的手，在水中洗几下，再跳上草坪。它们或者继续采食，或者小憩一会儿，或者一家老幼团坐在树上，尾巴向树的枝杈上一勾，一家人坐在一起，美美地睡上一觉。

读到这里，你也许会认为川金丝猴一定喜欢水。也许会有疑问，它们除了喝水，偶尔洗洗手，照照镜子，会不会到河里游泳呢？或者夏天炎热时，去泡个冷水澡呢？如果你这样想，那可就大错特错了。喜欢泡澡的是日

到河边喝水也有规矩，如果群里地位高的主雄来喝水，大家都会回避。等主雄喝完离开，其他成员才能来喝

本的猕猴，中国的川金丝猴可没有这个嗜好。川金丝猴是一种非常怕水的动物。即便水并不深，充其量也就没过人的脚面，最深的小漩涡处也只有二三十厘米，任何一个成年川金丝猴若是蹚水过河，都不会有危险。可是，川金丝猴却不会这么做，它们宁可冒着被摔伤的风险，也绝对不会用后肢去沾水。水对它们而言，既是生命的源泉，又如大敌。

在观察中我们发现，川金丝猴非常怕水，就连喝水时，它们也小心翼翼的。玉皇庙东梁这个川金丝猴种群到大草坪来觅食，过河是必由之路。每当早晨它们从夜宿地过来，或者下午从大草坪往夜宿地回去，都是采用跳跃式过河。这一段的河面还比较宽，无法一下越过，它们就分两跳或者三跳通过。每当这时，带头过河的头川金丝猴，会找河中间有裸露出水面的大石块为跳板，它跳上来

■ 率先准备过河的雄猴，先进行地形地势侦察

■ 这个幼猴就没那么幸运了，妈妈要照顾更小的孩子，它只好自己跳过河

■ 开始第二跳

■ 跳过河的雄猴，先到河对岸的大石头上等待它的"家人"

■ 紧接着，雌猴带着幼猴跳

后暂时停歇一下，然后再进行第二次或是第三次跳跃。这样，这个探路者过了河后，后面的便一一效仿。

先头过了河的猴子在河的对面等候其他家庭成员，若是一个家庭的成员全部到齐了，它们也会再等一下后面家庭的成员。通常情况下，有一半或者一大半的成员过了河，这些川金丝猴就会依次有序地往山上走去。它们在

上山的路上，不会太急，大多一边走，一边玩。

吃饱了肚子，喝足了水，到达夜宿地后，川金丝猴会以家庭为单元开始休息。这时，往往是婴幼猴最快乐的时光。川金丝猴家庭的领域概念不是特别严格，但大家也都循规蹈矩、守土有责。但婴幼猴在整个猴群中是例外，它们可以随意到任何一个家庭做客、玩耍。这个规定只限于

婴猴和幼猴，若是成了半大丫头或者半大小子，那绝对不可以，若真有不守伦理规则者，它便会遭到痛斥或拳头伺候。

向川金丝猴"借过一下"

观察到川金丝猴的这些领域行为后，我们开始尝试进入它们家庭领地，看看它们有什么反应。

人真是所有动物的天敌，过去，人们往往把灾难比喻成洪水猛兽，若是换位思考一下，动物也一定把人视为最可怕的敌人。只是我们听不懂它们的语言，它们也没有文字而已。

我第一次走进它们的家庭领地时，最先反应的是婴猴。看到有人来了，它们吓得紧紧抓住妈妈的体毛，有的干脆将头埋在妈妈的怀中，还发出"嘤，嘤"的叫声；然后是幼猴，它们对我的到来也非常恐惧，有的撒腿就跑开了，有的吓得躲在爸爸妈妈的身旁。雌猴赶紧抱起孩子，一边躲闪，一边警觉地看着来者。倒是家长——主雄好似见过大世面一样，一副不屑一顾的神态，若是你再靠近一点儿，它还会张开大嘴，露出巨齿，发出警告。

我故意不在意它们的反应，还是径直穿过这个家庭，几只雌猴左闪右躲了一会儿，见我无意伤害它们，又瞬间恢复了平静，继续它们的"望屋以食"。

在夜宿地经过几次这样的试探后，这些猴子似乎可以接受我们的举动了。然后，我们把这种试验转移到它们采食的大草坪上。正在采食时，它们的反应不是太强烈，看来，食物占据了它们大部分心思。如果它们进食完成后，我们再从它们面前通过，它反应明显增强。按照人类的思维方式，如果在我们通过它们家庭前，给它们打个招呼会是什么样的效果呢？这时，在这里做科学研究的西北大学的小严同学告诉我："您可以先和它们打个招呼，再走过去。""怎样和它们打招呼？它们听得懂人的语言吗？"我凑近小严。"您就用与人打招呼的方式试一下就知道了。"

经过小严的指点，我走到它们家庭附近时，对它们说："对不起，借过一下！"果然，它们没有再显露出警觉与不悦的神情，而是保持着原有的姿态。我很好奇，它们怎么听得懂人说的话呢？我便与小严攀谈起来。小严告诉我，原来他们路过猴子身边时，也遇到这种情况。他们想起人在路上行走时，常常遇到另一个或几个人正在路边聊天，或者正聚集在一起干某种事情，而这个过路的人又无法绕道而行，必须从这些人中通过，这时，他就会与挡住去路的人打个招呼"嘿，哥们儿，借过一下"，这时，挡着路的人稍微侧一下身，过路的人就可通过。过路人通过后，有的还会道声"谢谢"，有的人则径直走开了。于是，他们把这种人与人相处的行为，用在周至玉皇庙川金丝猴观察之中，

■ 久而久之，这些川金丝猴对我们这些来访者习以为常了

往返重复几次，猴子便明白了人们的意思，从容接受了，有时还会主动给小严他们让路。

了解到这一方法，我们有时在猴子聚集的地方路过时，先和它们打个招呼，以避免它们的紧张。有时，川金丝猴从树上下到地面时，无论是进食、休憩或者为家庭成员理毛，都会聚集在一起。我们若是这个时候必须从它们面前经过，被某个或者某些猴子挡住去路时，就说上一句"对不起，借过一下"，这些猴子听了这句话，紧张的程度就会减轻很多。有时，遇到这种情况，还有一些猴子会友好地挪动一下身体，给人一个通过的空当。

有了这些经验以后，我们又对比西北大学的同学接近猴子时与我们接近猴子时的不同反应。西北大学的研究生小严从这群猴子身旁通过时，小严用不高不低约40分贝的声音说了声"借过一下"，这群猴子靠边上的几只，很自然地轻轻挪动了一下身体，给小严让出了一个通道，小严也脚步很轻地通过了它们身边。这些猴子的表情非常正常，没有惶恐，也没有不安。

过了约半个小时，我也学着小严的样子，走到这群猴子身边时，用大约相同的分贝，同样说了句"借过一下"，这些猴子同时抬起头，用目光打量着我，一只约两岁龄的幼猴，吓得立即跳到一只雌猴的怀里。我佯装没有发现这一动作，不紧不慢地通过它们的身边。我的举动，那些猴子虽然没有太大的惶恐，但还是目送我的离去，过了1分多钟的时间，才恢复到之前的平静状态。

后来，我有意接近这个家庭，每天有近10次用同样的方式从它们家中通过，这样约一星期后，猴子们的反应，虽然还没有达到小严同学经过时那样泰然自若，但也比我最初在它们身边通过时的神情自然了许多。

从猴子对"借过一下"这句尽管同样的语义和音节、由不同的人发出，在音色上有些许差异的反应看出，它们还是感知到了有些不一样。它们是对不同人发出的声音有区分，还是对不同人的相貌有识别呢，我还无从知

晓。但我可以断定，川金丝猴能够感受到人接近它时是善意还是带有恶意。

也许我们对川金丝猴一开始就怀有爱心与敬畏，又经过一段时间的友好相处，我们不仅可以近距离观察它们的种群、家庭和个体，还能与它们友好互动。此时，大家就像生活在同一群体中。至少，这群川金丝猴对我这个物种已经没了敌意，我们正逐步融入进它们的种群。

经过3年多的努力，最后我几乎融入了它们的社会群体（王辉摄影）

"大黄""小黄"和"老黄"

在川金丝猴种群的全雄单元里，它们虽然都是单一的雄性，但相互关系也非常复杂。这些来自不同家庭、不同种群的雄猴，个个都有比较复杂的背景。有的长到一定年龄，被父亲驱赶出来；有的不堪继父的冷眼，自己逃出来；有的从外群加入到本单元，等待时机挑战主雄；更有昔日的王者、如今已经遭到淘汰的主雄来到这个全雄单元。这些雄猴深知自己的未来与命运，表现出来的心态也完全不一样。这个全雄单元里的"小黄""大黄"和"老黄"是青、中、老三个年龄段的三只雄猴，也是这三种不同情况的典型代表。

■ "大黄"（左）和"老黄"

顽皮好动的"小黄"

"小黄"是被继父撵出家庭的雄猴个体，刚来到这个全雄单元时，整日无精打采的，像丢了魂一样。此时，"老黄"已经度过了从主雄落败后最难熬的"回归期"，步入了重返单身生活的正

■ "老黄"（后）和"小黄"

常状态。"小黄"的到来，也许让"老黄"触景生情。它想起自己小时候被驱赶出原生家庭，经过不懈的努力当上主雄的那段经历。那时，意气风发的"老黄"也风光了几年。可是，好景不长，它成为新的主雄的手下败将，落得如今又回到全雄单元的境地。"老

■ 想起在原生家庭时有妈妈的疼爱，有姐妹们的关照，那是多么快乐的时光！正是在妈妈怀里撒娇的年龄，如今却独自生活在没有亲缘关系的"大杂院"，"小黄"时常郁郁寡欢，非常失落

黄"对"小黄"的怜悯之心油然而生。它开始主动接触"小黄"，尽量给它一些温暖和照顾，让"小黄"早些忘记原生家庭，尽快适应新生活，重新快乐起来。

有了"老黄"父亲般的关怀，"小黄"很快重拾童年的天真与快乐。它和全雄单元的小伙伴

■ 在"老黄"的关怀下，"小黄"重拾童年的天真和快乐

■ 与川金丝猴为邻的中华鼯鼠

们一起玩耍，与川金丝猴的邻居松鼠做朋友。有时，遇到会滑翔的鼯鼠，它学着它们的样子，想飞起来。经过几次摔跤之后，它向"老黄"请教。"老黄"带着"小黄"多次与中华鼯鼠近距离相处，"小黄"了解了这种啮齿类动物的特点及习性。"小黄"终于明白自己身上没有这种"装备"，也不具备这个功能。它开始审视自己，向群里的前辈及长辈们学习生存技能、攀缘技巧和在大树之间的跳跃能力。也许有了"老黄"的陪伴和教导，"小黄"成长速度惊人，超越了许多同龄伙伴。

不懂礼数的"大黄"

"大黄"是一个七岁龄的青年猴。在川金丝猴习性中，七岁龄正是娶妻生子的时候，可是"大黄"连雌猴的毛发还没有碰过。它整天萎靡不振地坐在草地上，有时展开四肢平躺在地上，躺累了，翻个身，趴一会儿。正值血气方刚的年龄，"大黄"却是一副有气无力、失魂落魄的样子。群里老雄猴见它不死不活的样子，瞧不起它，也不愿意接近它；刚来的小雄猴觉得"大黄"很无趣，也有意疏远它；与"大黄"年龄差不多的同伴们，有的已经成为主雄，过上了"怀拥妻、脚揽妾、手抚子"的家庭生活；有的一直觊觎主雄之位，正在蓄势待发。"大黄"与全雄单元的其他成员都不一样，它似乎自暴自弃、破罐子破摔，精气神

看见"阿诺"与"阿丹"时常在这个地方约会，"大黄"也经常光顾这里，但它始终没有等到自己心中的"阿丹"

几乎丧失殆尽。

有一天，"小黄"在外面疯玩够了，跑回全雄单元，正好遇见孤独地躺在一块石板上的"大黄"。"小黄"立即跑过去，坐在"大黄"的身边，顺手给"大黄"理毛。川金丝猴的理毛行为是它们生活中常有的举动，也是一天

■ "大黄"没有玩伴，也没有知己，时常坐在河对岸的草地上，望着那些拥妻携子的家庭发呆

中频率最高的行为。理毛，一是为了清洁，去除毛发上的杂质、蜱虫、盐粒等，还有一点，就是社会性动物增进彼此之间感情的一种方式。在家庭中，理毛还是一种身份与地位的象征。通过理毛的方式，它们有了这种肢体语言的交流，肌肤接触，还能获得彼此的一些信息。因此，在川金丝猴种群当中，理毛是最常见的也是必不可少的行为。理毛分为自己理毛、为别人理毛或者别的猴子为自己理毛，这里面便出现了"利他行为"。

正如人类常说的"帮助别人就是帮助自己"。从辩证的角度来说，世界上没有绝对的"利他"，一味地完全的"利他"也不符合常理。因此说，利他也是相互的。"人人为我，我为人人"，可能更符合利他的广泛性。

"小黄"很耐心，它给"大

黄"理了面部、胸前和"大黄"自己无法理到的侧体、屁股等部位。理完了，"大黄"顿时感觉很舒服，很久没有其他个体这样给自己理过毛了。它伸了个懒腰，打了个哈欠，又躺下了。"小黄"觉得好奇怪，按川金丝猴的规矩，一方主动为另一方理毛，一般理到一半时，另一方就会反过来为主动帮助者理毛。"小黄"为"大黄"理遍全身，但"大黄"并没有还礼，而是自顾自地休息了。

"小黄"在"大黄"身边待了一会儿，见"大黄"没有任何反应，便有些失望地离开了。

深谋远虑的"老黄"

"小黄"为"大黄"理毛的一幕，被坐在一旁休息的"老黄"看得一清二楚。"小黄"还未走远，"老黄"立即来到"大黄"跟

前，象征性地给"大黄"随便在后背上抓了两把，便扭身将自己的后背堵在"大黄"的胸前，示意"大黄"为自己理毛。

也许"大黄"正是情绪低落的时候，也许满腹心事无以排遣，它没有理会"老黄"对自己的示意，转身离开了。不知"老黄"是为"小黄"打抱不平，还是觉得"大黄"不顺眼，它给了"大黄"一拳。"大黄"虽然有些颓丧，但毕竟比"老黄"年轻许多，无论脚力还是爪力都是最锋利的阶段。它便以牙还牙，与"老黄"正面交战，打了起来。"老黄"和"大黄"这一交手不要紧，整个全雄单元成员几乎全部出动，对着"大黄"一顿暴打，打得"大黄"面部、前肢、后腿等多处皮开肉绽。最后，还是在"小黄"的极力呼喊下，大家才停了下来。

"大黄"被群起而攻之后，连续几天，都一直停留在投食场下面小河边的一块巨石上。投食的哨声响了，"大黄"也不为所动。群里传来嘈杂的呼叫声，"大黄"仍然无动于衷，一副头不抬眼不睁的样子，实在太渴了，就喝点山泉水维持生命。这一切被

"老黄"看在眼里。

到了"大黄"被打的第五天，"老黄"终于忍不住了，它走到河边，来到"大黄"的身边。"大黄"没有躲避，但也没有向"老黄"示好。"老黄"在"大黄"身旁坐了几分钟，伸手捉过"大黄"的右手，轻轻地抚

■ 在"老黄"的调教下，"大黄"（右）的精神状态有了明显的好转

■ "大黄"（右）给群里全雄单元的其他雄猴理毛

■ "大黄"给"小黄"理毛

摸上面的伤口，然后张开嘴巴，用鲜红而宽厚的舌头舔舐起来。

"老黄"的举动把"大黄"吓了一跳，它似乎有些发懵。大约两分钟后，"大黄"才醒过神，张开双臂，给了"老黄"一个大大的拥抱。"老黄"也顺势紧紧地抱住"大黄"。大约过了一刻钟，"大黄"跟随"老黄"回到全雄单元的所在地，等到其他家庭捡食过后，它们也开始捡食护猴员"猴哥哥"投下的玉米和萝卜。

"小黄"见"老黄"把"大黄"带了回来，兴奋极了，一蹦三跳地跑了过来，左肢搂住"老黄"的脖子，右肢搂过"大黄"的头，如同祖孙三代紧紧地搂在了一起。三只不同年龄段的雄性川金丝猴，从此成了忘年之交。"大黄"也意识到自己的错误，学着去关爱"老黄""小黄"及群里的其他兄弟。

第三章
探访川金丝猴童年

爱撒娇的"娇娇"

大家都听过丑小鸭变白天鹅的故事，天鹅的幼年期不仅毛色灰暗，长相也不漂亮。它在一次又一次的蜕变后显现出圣洁的羽毛、优雅的气质和高贵的神态，也完成了从丑小鸭到白天鹅的嬗变。其实川金丝猴也一样，它们刚出生时又灰又丑，成年时就金发披身，潇洒飘逸，让人想象不到它们经历了怎样的蜕变过程。

又是一个春天，川金丝猴东梁种群迎来了一个生育季。"娇娇"是这个种群中一只普通的婴猴。它的妈妈不出色，爸爸也不出众。大家庭里，有比"娇娇"大的姐姐，有比"娇娇"小的弟

整天不是哭就是喊的"娇娇"

弟，它夹在中间，没有任何优势可占。

"娇娇"刚刚出生时毛发又短又灰，细细的脖颈上像顶着一个钢盔，高高的脑门和颧骨之间嵌着一对让人恐惧的黑眼睛。它尖尖的下颏，消瘦的面颊还扯着几道沟壑纵横的皱纹，略显佝偻的身躯，细细的尾巴，真是要多丑有多丑。

有人说"娇娇"就是一个四不像：身躯像猪崽却不是猪，尾巴像老鼠又不是鼠，大大的脑袋如同一个卡通娃娃，只有那双眼睛与猴子有几分相像。真是无法想象它会与眼前的金发碧眼、蓝色脸谱的川金丝猴有什么联系。普通的家境，普通的父母，却生下了一个不普通的"娇娇"。

"娇娇"爱撒娇，这在东梁群是出了名的。"娇娇"撒娇的方式就是耍赖、哭鼻子、使小性子，它和人类的孩子撒娇耍赖没有什么区别。

"娇娇"出生于2018年2月。

■ 娇娇（左一）是家庭中的婴猴之一

■ 3个半月的"娇娇"

■ "娇娇"妈妈很特别，它的左乳是双乳头

■ "娇娇"妈妈是一位有经验的妈妈，"娇娇"一出生就得到很好的照顾

"娇娇"妈妈是已经生育过三胎的经产猴，有一定照顾"猴宝宝"的经验。"娇娇"刚一出生，就享受到足够的母爱。"娇娇"妈妈将"娇娇"抱在怀里，不断地亲吻着它的面颊和身体的各个

■ 没有小伙伴来和"娇娇"玩，它哭

■ 小伙伴来和它玩，它也哭

■ 看到小伙伴走了，"娇娇"又钻到妈妈的怀里哭

■ "娇娇"挣脱妈妈的怀抱，下到地面上，这时妈妈捡东西吃，"娇娇"认为妈妈冷淡了自己，又开始哭

部位。

秦岭北坡的3月，寒气依然袭人。此时刚刚离开母体的婴猴，仍然靠妈妈的体温取暖。对自然界的寒冷，大多婴猴也都能忍受，"娇娇"是个例外，早晚天气冷哭，中午太阳照射哭，奶水不足哭，奶水太足呛着

也哭……

"娇娇"妈妈发现自己生了个爱哭的孩子，它想通过母爱的传递，来改变"娇娇"爱哭的毛病。"娇娇"妈妈深知，爱哭这个习惯不好，哭声对整个猴群都是非常危险的，因为哭声会引来天敌，尤其是在夜里。

"娇娇"妈妈一会儿将"娇娇"抱在胸前，一会儿放在腋下，一会扛在肩上，一会儿又背在背上，它用各种方法来安抚"娇娇"。"娇娇"喜欢一边吃奶一边玩弄妈妈的乳头，"娇娇"妈妈忍着疼痛也尽量满足它，不让其哭出声来。

■ 由于"娇娇"不停地哭闹，"娇娇"妈妈被折磨得疲惫不堪，时常喂奶时就睡着了

■ "灰灰"（右）主动过来与"娇娇"玩，"娇娇"觉得"灰灰"冒犯了自己，又哭了

■ 无奈的妈妈用各种办法哄"娇娇"，可"娇娇"还是各种撒娇，哭闹不停

尽管"娇娇"妈妈百般努力，可"娇娇"爱哭的习惯仍然无法改掉。有一天，"娇娇"叼着妈妈的乳头已经3个多小时，没吃没喝的"娇娇"妈妈已经没有乳汁了。它将"娇娇"放在地上，自己去寻找食物来补充营养。

"娇娇"出生一个月来，第一次来到开满蒲公英花的草地上，它感到非常新鲜，特别看到一些与自己年纪相仿的小伙伴都在草地上玩耍，它也跟跟跄跄地跑到小伙伴们的身边，想找它们玩。

群里的小伙伴都知道"娇娇"是个爱哭的孩子，都不愿意和它玩。这时，群里有名的调皮鬼"灰灰"跑过来，上前抓住"娇娇"又摇又晃。"娇娇"哪里能忍受这样的待遇，大声地哭喊，群里的小伙伴都跑过来看热闹。

"娇娇"妈妈见此情景，立即跑过来，抱起"娇娇"，好像在耐心地给它示意，这也是小伙伴交流的一种方式。然后又一一"介绍"群里的小伙伴，还特别"介绍"了"灰灰"这个活泼可爱的小哥哥，鼓励"娇娇"多和小伙伴们玩。

尽管妈妈不断地安抚"娇娇"，"娇娇"仍然觉得自己受了莫大的委屈，还是"嘤嘤"地哭个不停。它觉得全群的小伙伴都应该来给它道歉，都来哄它，只有这样，它才会停止哭声，才会原谅它们。

群里的小伙伴见"娇娇"不依不饶地一直哭，又不听妈妈的劝告，大家便自行散去。从此，再也没有婴猴主动去和"娇娇"玩耍，更没有其他婴猴来和"娇娇"做朋友。

"娇娇"越来越孤独，它不喜欢让爸爸抱，也不让家中的其他阿姨抱。它不和家里的婴猴玩，外面的婴猴又不和它玩。它一个朋友也没有。听着别的婴猴的欢声笑语，"娇娇"只有躲在妈妈怀里哭。

这一天，群猴在地位较高的主雄带领下来到一个大大的草坪上。这里绿草如茵，婴猴们一到草坪，就纷纷从妈妈的怀抱挣脱，跑向草坪，撒欢奔跑，扯尾巴、揪耳朵，捏鼻子，捉迷藏，高兴得不亦乐乎。

"娇娇"也想到草坪上去玩，但它又怕婴猴们不和它玩，急得又哭了起来。听到哭声，调皮鬼"灰灰"又来了，它先朝"娇娇"做了个鬼脸，又主动邀请"娇娇"离开妈妈去和婴猴们玩。

受到"灰灰"的邀请，"娇娇"又喜又怕，喜的是终于有小伙伴来邀请自己，怕的是"灰灰"伤害自己。它觉得"灰灰"是一个粗俗莽撞的小雄猴，和这样的小雄猴一起玩，没有安全感。

犹豫不决的"娇娇"面对"灰灰"的邀请，自尊心终究抵挡不住玩耍的诱惑，它在妈妈的鼓励下，小心翼翼地来到草坪上，第一次融入这个大家庭。

就在大家玩得正起劲的时候，一条大黄狗从草坪上经过。面对这突如其来的异族，胆小的婴猴急忙跑到妈妈跟前，一些胆子大的婴猴跑去观察这个长相和自己不一样的不速之客。

大黄狗面对表情不一的小猴子，也感到非常好奇。它和这些小猴子的心情一样，也不知眼前的是什么种群，也想探个究竟，试着和它们接触一下。看到小猴子们大多躲避它，大黄狗有了强烈的优越感，它以为大家都害怕它。

"娇娇"看到大黄狗的到来，许多小伙伴都跑到妈妈的身边了，它却没有动。它觉得，这时妈妈会主动来保护它，抱起它。可是过了几分钟，妈妈仍然没有来抱它，它吓得哭了起来。妈妈听到哭声，立即从山上蹿了下来。

来到"娇娇"的身边，妈妈立即抱起"娇娇"，可"娇娇"却从妈妈怀里挣脱了，大声地哭喊，又回到地上，原来它怪妈妈来迟了，又生气了。

"娇娇"和妈妈闹脾气的这

■ "娇娇"妈妈在草地上远远地望着"娇娇"

一幕，都被大黄狗看在眼里。大黄狗是一种极其聪明的动物，它想帮助"娇娇"妈妈治一治"娇娇"的小姐脾气，便朝"娇娇"走了过去。

大黄狗先朝"娇娇"妈妈吠了几声。"娇娇"妈妈觉得好奇怪，川金丝猴家族与狗是友好邻邦，虽然它们是两个不同的物种，但种族之间和睦相处，没有敌意，也不互相伤害，这是从祖先那里传下来的规矩，难道今天……

"娇娇"妈妈正在疑惑，大黄狗突然冲向"娇娇"，张着大口，对着"娇娇"就要下口，吓得"娇娇"大声地哭叫。这时，"娇娇"爸爸如闪电般蹿过去，护住了"娇娇"，大黄狗才悻悻离去。

回到妈妈怀里，"娇娇"仍然觉得委屈，哭个不停。无论妈妈怎么安慰，它都不停地哭泣。它觉得妈妈没有在第一时间保护自己，群里的小伙伴在大难临头时，都是各跑各的，这样很对不起它。

"娇娇"妈妈明白女儿的小心思，但考虑到女儿极强的自尊心，更加倍地呵护女儿，孰料，妈妈越这样迁就，"娇娇"越发娇气，最后，它成了以自我为中心的娇小姐了。

在灵长类动物中，每个独立的个体都是集体中的一员，遵守群规是每个个体的底线。无论父母怎样娇惯、宠爱自己的孩子，在群体当中，大家也不会格外关照哪一个，也不会因为哪一个娇弱而破坏规矩。

按照婴猴的成长需要，到了3个月大的时候，它们应该学习攀爬，这是川金丝猴成长历程。这时，群里的主雄家庭会把大家带到茂盛的树林中休憩、夜宿，为的是给幼猴提供练习攀爬的条件。

来到树林里，"娇娇"又觉得好奇，它也想学习爬树，但爬了几分钟，四肢又酸又痛，往树下一望，还深不可测，它害怕了，怕自己掉到树下去，便躲在妈妈的怀里，再也不去练习了。

"娇娇"妈妈深知，如果"娇娇"这样下去，就无法成长为一只独立生存的个体，它必须下决心锻炼"娇娇"，否则，"娇娇"无法融入群体，也无独立生存的本领，很有可能在成长过程中变成其他动物的口中餐。

有了这样的认识，"娇娇"妈妈开始有意识地对"娇娇"进行训练。它不再一味地惯着"娇娇"，不管是哭还是闹，它都按部就班地对女儿进行生存训练、避险训练和与其他家庭及小伙伴友好相处训练。

半岁的"娇娇"不喜欢吃其他食物，整天叼着妈妈的乳头不放。妈妈知道，等秋天来临时，自己的奶水少了，"娇娇"还不会吃食物，那时的食物非常粗糙。如果过不了食物这一关，"娇娇"就无法熬过冬天。

"娇娇"妈妈有意躲避"娇娇"，不给或少给它吃奶的机会，有意在它比较饿的时候，把它放到有嫩叶的树上或是草地上，让其自己寻找食物，以此锻炼它的觅食和咀嚼能力。

当栖息在开阔地的时候，伙伴们会离开母亲，集体玩耍。这时，"娇娇"妈妈特意将女儿放在大群中，有意识地让"娇娇"与大家接触，在玩耍中和小伙伴建立友情。

在大树上攀爬、跳跃是川金丝猴生存的基本技能，这种技能训练的就是"童子功"。"娇娇"天生有些懒惰，不喜欢运动，时常懒懒地躺在树丫处发呆。这个缺点，对于川金丝猴而言是致命的。

为了纠正"娇娇"这一致命缺点，"娇娇"妈妈时常在女儿想吃奶时，将"娇娇"放到这株树上，自己跳向另一株树，还时不时呼唤女儿过来吃奶。这时，"娇娇"总会以哭泣来要挟妈妈。有时，实在拗不过，妈妈也会适当妥协。

经过一段时间的训练，"娇娇"有了一些进步。但撒娇仍然是"娇娇"的拿手戏。稍有不顺，它便以哭声来取代行动，从而实现自己的诉求。"娇娇"这一执拗的性格，让"娇娇"妈妈非常担心，它时常发呆地望着"娇娇"。

有一天雨后天晴，群里的小伙伴们都到草地上玩耍。"娇娇"也被妈妈带到草地上，妈妈要它与小伙伴们一起玩。"娇娇"看到一些小伙伴攀爬一块巨大的石头，自己也想上去玩，可怎么也爬不上去，它想让妈妈来帮忙。

"娇娇"妈妈觉得这是锻炼女儿的最好时机，它躲到一道土坎下面远远地窥视着"娇娇"。"娇娇"见没有谁来帮助自己，又找不见妈妈，便站在石头边上，又"嘤嘤"地哭了起来。

小伙伴们见"娇娇"又撒娇找妈妈，大家便跑过来嘲笑它。这样，"娇娇"的哭声更大了。躲在土坎下面的妈妈，这次下决心不管"娇娇"，让众多的小伙伴们用行动教育它。

小婴猴们越聚越多，有些大哥哥大姐姐也前来观看。有的

■ 小伙伴邀请"娇娇"上来玩

■ "灰灰"和"娇娇"正在大石头上玩，它们被空中的老鹰盯上了。危险即将来临，它们却浑然不知

■ "娇娇"爸爸飞奔过来，将"娇娇"护住

围住"娇娇"，有的跳到石头上面示意"娇娇"也跳上去；有的跳上跳下，不断地给"娇娇"示范，可"娇娇"却觉得大家看不起它，都在看它的笑话，一直哭个不停。

　　"娇娇"妈妈实在忍不住了，它跳上土坎的石头墙下面，来到草地上，向"娇娇"发出呼唤。谁知"娇娇"并没因妈妈的到来止住哭声，也没有立即跑向妈妈，而是变本加厉地哭了起来，它要妈妈过来抱它。

　　见"娇娇"这么毫无节制地

■ 受伤的妈妈，一边紧紧地抱着"娇娇"，一边舔舐着自己的伤口

撒娇，小伙伴们都跑到其他地方玩耍去了，只有调皮鬼"灰灰"还留在大石头上。"灰灰"在大石头上撒了一泡尿，尿很快流到了"娇娇"面前，它想让尿液与"娇娇"的眼泪混在一起来讽刺它。

"灰灰"和"娇娇"在岩石上的把戏，被翱翔在天空中的老鹰看得一清二楚，它一直关注着眼皮底下的猎物。恰好此时，哨兵猴吹响了警报，整个种群的猴子立即进行躲避，"灰灰"猛蹿两下，便蹿到妈妈身边。

"娇娇"还在哭着等妈妈来抱，没有想到老鹰捷足先登，一下冲了过来。"娇娇"妈妈一看不好，奋力蹿了过来。这时，"娇娇"爸爸从一棵大树上飞奔过来，把"娇娇"护在身下，"娇娇"才躲过一劫。

老鹰抖抖翅膀飞走了，"娇娇"用手摸摸爸爸身上被老鹰抓的几个洞，也顾不上撒娇了。"娇娇"爸爸受伤很严重，满脸是血，"娇娇"妈妈的手背、手指和前肢也受了伤。"娇娇"妈妈吃力地抱起"娇娇"，一瘸一拐地爬上树，舔着自己的伤口。"娇娇"爸爸有气无力地坐在地上，很久才慢慢地站起来。

爸爸妈妈用血的代价唤醒了"娇娇"，它不再娇惯自己。妈妈希望它能和小伙伴一起玩，一起学习攀爬树枝、寻找食物的本领。"娇娇"比以前有了一些进步，也学会了上树，咀嚼树叶和青草。

到了秋天，在寻找水源的路上，"娇娇"让妈妈背一段路，自己学着走一段路，中间歇息时，还附在妈妈身边为妈妈理毛。有时它还乖巧地抚摸一下妈妈的脸庞，传递对妈妈的爱。

可是，当冬天到来时，"娇娇"由于没有学会吃各种食物，营养不能满足生长的需要，体毛的长度与厚度都达不到过冬的要求，再加之各种生存技能的欠缺，它抵御不了彻骨的寒风，也无法穿梭在雪地上和树林间。当狂风卷着飞雪飘舞时，当严寒再一次袭击川金丝猴的夜宿地时，虽然"娇娇"的爸爸妈妈紧紧抱住它，但由于自身的热量不足，最终，"娇娇"没能熬过这个冬天。

■ 爸爸妈妈在挂满冰雪的树上，怅然若失地思念着"娇娇"

"可可"的小心思

宽厚的父母

　　"可可"是东梁群川金丝猴"憨憨"与"哈哈"的女儿。"憨憨"生性憨厚，婴猴时就是一个非常听话的孩子。出生3个月内，它除了吃奶，就是睡觉。3个月后，它便跟着爸爸妈妈和其他家庭成员学着吃草叶，再大一点儿，便会独自爬树、觅食，找小伙伴们玩。小伙伴们玩耍时，磕磕碰碰、拉拉扯扯是常有的事，"憨憨"从不发火，非常宽容懂事，群里的大小伙伴、邻里长辈都喜欢它。

　　到了婚嫁的年龄，"憨憨"随着母亲嫁给继父。继父有个爱

■ 幼年的"可可"，一副心事重重的样子

"可可"的妈妈"憨憨"，从小就非常懂事，经常帮着母亲照顾弟弟妹妹

"可可"的继父"哈哈"，从年轻时就喜欢打哈欠

年纪大了退位后的"哈哈"，仍然神情怡悦，平静而自然

打哈欠的毛病，因此，落了"哈哈"的美名。出嫁之前，"憨憨"就时常帮着妈妈带弟弟妹妹，现

在，它理所当然地成了家庭中的"劳动模范"。每天一大早，别的家庭成员还在做梦时，"憨憨"

便起床帮妈妈带弟弟妹妹，或者到附近去寻找食物。它在有食物的地方做上记号，以提醒群里的

"憨憨"不顾早晨的低温和冰凉的露水侵袭，为家庭成员选早餐地

群里的婴幼猴也都喜欢"憨憨"这个大姐姐，经常跟它一起玩耍

其他家庭。随后，它将母亲及现在的丈夫"哈哈"喊醒，带上弟弟妹妹们，到预先选好的地方用早餐。

早餐结束后，它又为家庭成员——理毛、捉虱，带弟弟妹妹玩耍。猴群迁移时，它又主动帮母亲带娃。稍有休息和空闲，它又跑前跑后地照顾来访的婴幼猴，忙得不亦乐乎。

"憨憨"无论在家庭中还是种群里，都是一个勤劳贤惠的雌猴，对邻里乡亲或者与之伴生的物种，都谦虚礼让，从不与之结怨。"哈哈"生性有些懒惰，既不争强好胜，也不显山露水，与大家和睦相处，随遇而安，一家人活得悠闲自在。如此宽厚的一对夫妻，谁也没有想到，它们却生下一个古灵精怪的女儿——"可可"。

■ "可可"（右）则不然，它和妈妈"憨憨"相反。危险地带，"可可"会选择让比自己大的个体来保护自己

■ "可可"（左）为姥姥理毛，它非常清楚自己的目的

与众不同的"可可"

"可可"一出生，就显现出与其他家庭成员的不同。别的婴猴刚出生那几天，眼睛很怕光的刺激，吃奶时都闭着眼睛。"可可"一出生，它就睁着一双骨碌碌转的黑眼睛，到处打量这个新奇的世界。它似乎对什么都感兴趣。谁家有点风吹草动，哪个猴儿有点新鲜事儿，"可可"都显示出很大的兴趣。在妈妈的怀

里，它也是"眼观六路，耳听八方"。"可可"出生的第二年，母亲的母亲——姥姥，给它生了一个舅舅。也许"可可"不喜欢当晚辈，或者它觉得全家对它的宠爱被分走了一部分，它时常在父亲面前以长女的姿态出现，想告诉父亲自己不想当晚辈。它还是"长姐"，在这个家庭拥有指挥、管教"弟弟"的权力。"哈哈"本来就与世无争，就依了"可可"。

"弟弟"刚出生，正是姥姥奶水最充足的时候。这时，"可可"已经一周岁了，妈妈"憨憨"的奶水已经进入枯竭阶段。"可可"很想与"弟弟"分享姥姥的奶水，但又不能直接去抢夺"弟弟"的"饭碗"。它便每天围绕在姥姥的身边，抚摸一下"弟弟"的头，梳理姥姥的尾巴，总是在姥姥与"弟弟"的旁边软磨

硬泡。姥姥明白"可可"的小心思，有时也给这个外孙女"解个馋"，"可可"可不是这样想的，只要获得这个机会，就有不把姥姥的奶水吸干不罢休的劲头。

这样的事发生过几次后，姥姥对"可可"有了戒备，也曾经试图拒绝"可可"这份不合情理的要求，但总是架不住"可可"的纠缠示好，最后，还是以"可可"如愿而告终。

随着时间的推移，"可可"和"弟弟"都在长大。有时，"可可"也带"弟弟"出去玩耍，若是"弟弟"发现了什么好吃的，它总会从"弟弟"那里分"一杯羹"。可当自己发现了好吃的，它就自己独享。"弟弟"看到"姐姐"抢了自己的好吃的，觉得反正自己有奶吃，也不和"姐姐"计较，自己再去寻找，或者干脆回到母亲身边去吃奶。"可

可"发现，"弟弟"好吃的食物被自己抢了也不作声，有时还傻傻地回到它的母亲身边，感觉"弟弟"更像是自己妈妈——"憨憨"生的。

有一次，"弟弟"在半山腰看到一棵大树结满了小红果，这小红果亮得晶莹剔透，在太阳的光芒里比玛瑙还红。这是一棵茱萸树，"弟弟"不认识这是什么，也不知道可不可以吃，便来征询"可可"。"可可"也不认识这是什么，想让"弟弟"先尝一下。"弟弟"遵循妈妈的教导，凡是妈妈没有教给自己吃的东西，一律不乱吃，不乱尝。"可可"却一再诱导"弟弟"品尝，"姐弟"俩争执不下，恰在这时，妈妈"憨憨"赶来，给它们示意，这种果子有微毒，非常难吃，我们猴子家族不能吃这种东西。幸亏"憨憨"赶来得及时，不然，"弟

■ 茱萸

弟"会吃苦头的。

让"弟弟"尝茱萸的事被妈妈发现并阻拦后，"可可"的内心也受到谴责，它不再拿"弟弟"搞恶作剧，对"弟弟"的关心和照顾也用心多了。

"可可"的探险和成长

"可可"是一个爱耍小聪明的幼猴，无论是在家庭里还是在整个种群中，它都要体现出自己的卓尔不群。但遇到事情需要身体力行时，"可可"却从来不去实践，凡是有风险的事，它都会让妈妈、姥姥或者爸爸和"弟弟"去做，自己躲在一边看热闹。

有一天，一帮穿着奇怪服装的人来到大草坪。见到这个阵势，"可可"吓了一跳，它立刻跑到爸爸妈妈身边，躲进它们的中间。这时，妈妈"憨憨"似乎也有一些紧张，但在"可可"面前，还是故作镇定，安慰着"可可"。可姥姥对这一切却是见怪不怪了。

看到姥姥镇定自若的样子，"可可"满腹狐疑地盯着那些奇怪的人。

那些奇怪的人也真是奇怪，看到这么大的一群川金丝猴，并没有上前捕捉，而是手忙脚乱将一大堆设备放在地上。"可可"不知道那个三条腿的东西是三脚架，三脚架上面架的是照相机，另一个三脚架上的是望远镜。它更不知道这些人正在通过照相机在拍摄它们。

姥姥真是见过世面的人，"可可"一边心中赞美着姥姥，一边

退下树。

"可可"下了树，朝那些奇怪的人向前跑了几步，见没有什

■ "可可"第一次见到三脚架，它竟然还会转动上面的扭环

么动静，就大摇大摆地再向前走。群里的小伙伴都被"可可"的举动惊呆了。

"可可"却显得神气十足。走到离人只有二三十米的距离，它索性坐下来，还摆各种姿势，任那些人拍摄，和那些人近距离接触了好一会儿，才回到小伙伴们的身边。一群小伙伴马上围拢过来，对"可可"用川金丝猴俯首投地的方式，表示赞叹。从此，"可可"便以见多识广而闻名，小伙伴们都争着当"可可"的小跟班。

有了前面与人近距离接触的体验后，"可可"很想亲自触摸一下那些人用的长枪短炮，可它又不敢去触碰。虽然它感觉那些人不会伤害自己，但猴子对他们来说毕竟是另类，它为此不敢贸然行动。这时，"可可"想到邻居家的"二愣子"。"二愣子"比

自己大一岁，虽然还是幼猴，但这个四肢发达的家伙已经长成半大小伙子了。"二愣子"在整个猴群部落里是出了名的"愣头青"，似乎就没有它不敢干的事儿。

这一天，"可可"邀请"二愣子"去玩那些人的机器。

"二愣子"就径直奔向那些摄影的人。看到两只亚成体川金丝猴相伴而来，摄影的人为了避免与它们近距离接触，立即向后退了数米。"二愣子"与"可可"认为它们的到来，可能让摄影的人害怕了！它们立即来到三脚架旁边，用前肢扶着站起来，看照相机里面有什么秘密，又搬过望远镜，左看看右瞧瞧，却没有发现里面藏着什么。

"二愣子"伸出舌头舔了一下，似乎味道不错。它马上对着三脚架贪婪地舔舐起来。看到

"二愣子"舔舐三脚架，"可可"觉得自己这下亏了。本来，这个地方是自己发现的，却让"二愣子"拔了头筹，它有些不高兴了，使劲推开"二愣子"，双后肢站立，双前肢护住三脚架的三条腿，沿着三脚架的中心轴，逐一舔舐。"二愣子"自然不甘心让"可可"独享这份美味，它一下蹦到三脚架的相机上，对着镜头就舔。

摄影的人看到猴子舔镜头，马上拿着一个长长的木棍冲了过来。"可可"见有人持木棍冲向它和"二愣子"，吓得撒腿就跑。"二愣子"也立刻向上一蹿，腾空而去。摄影的人急忙去扶三脚架，照相机还是应声倒地。此时，哨兵猴发出警报，300多只的猴群立即进入一级响应，大家纷纷抱起婴猴，迅速逃离现场。

晚上，到了夜宿地，"可可"

被爸爸妈妈和姥姥狠狠地教训了一番。最后，姥姥似乎是以川金丝猴特有的方式传承它们的理念：任何个体，都不可以为一己之利，而损害大家的利益，这是做猴的原则。如果你这一点做不到，就不会被集体容纳。

通过这件事，"可可"真心意识到自己错了，差点儿因自己的一时过失，给整个猴群带来灾祸。第二天一大早，"可可"便伏身在猴群经过的地方，低头认错，向所有个体道歉。从此，"可可"在大家的帮助下，成长为一个出类拔萃、亭亭玉立的雌猴。它婚嫁后，很快添丁加口，开枝散叶，为川金丝猴种群的壮大做出了贡献。

到了成家立业的年龄，"可可"看上一只从外群来的年轻雄猴。在主雄争夺战中，"可可"第一个主动跟随了挑战者，成为新主雄家中的"主雌"

贪吃的"皮皮"

　　"皮皮"是东梁川金丝猴群里的一只幼猴，不到3岁时，它就被继父撵出原生家庭。它的母亲本来可以挽留"皮皮"在原生家庭多生活一段时间，多学一些生存技能和与猴相处技巧，稍微长大一点，再到全雄单元去生活，但"皮皮"实在是太贪吃了。整个东梁群70多个家庭的400多只川金丝猴中，"皮皮"可能是最贪吃的。

"皮皮"是个"馋嘴猫"

　　其实，"皮皮"在婴猴期时，大家都非常宠爱它。按猴群优待婴幼猴的规矩，大家也都包容这

　■ 不知道三脚架是什么东西，"皮皮"以为肯定好吃，先啃上一口

只好吃的"馋嘴猫"。也许就是这些包容和宠爱，"皮皮"养成了许多坏习惯。迁徙途中，遇到好吃的，"皮皮"就不理会集体行动的规则，一定会停下来去吃；哪个家庭寻到了好吃的食物，"皮皮"会立刻跑去看看；哪里有了好吃的，准有"皮皮"的身影出现；自己家里无论继父还是妈妈，只要发现了好吃的，"皮皮"都会争抢。为此，"皮皮"没少挨继父的怒斥。可是，"皮皮"就是记不住，也管不住自己的嘴。只要闻见哪里有食物的味道，它就会想方设法去寻找，不吃上这一口，它觉都睡不着。

前些天，东梁群川金丝猴经常栖息的大草坪下方，来了一群奇奇怪怪的人。邻居家的小姐姐已经接触过这些人，还摔坏了他们的相机。"皮皮"也关注过这些人，但它关注的不是相机，而是这些人手上好吃的东西。"皮皮"也试着去过几次，想从他

■ 这个味道可能也不错，舔一舔，还真有点儿味道

83

们手上捞取一点儿美食，但没有成功。

与这些奇怪的人近距离地接触几次后，"皮皮"发现他们每天在离它们猴群100多米的地方吃午饭，那些饭还冒着热气。吃完饭，那些人不去河边喝水，每人拿着一个盒子喝水。"皮皮"实在好奇，他们喝的是什么呢？和我们喝的水不一样吗？它去问妈妈。

妈妈也不知道这些人喝的是什么，"皮皮"便缠着妈妈一起爬到树上，近距离地偷看。经过几天的观察，"皮皮"凭嗅觉认为，这肯定是一种非常好喝的东西，但是什么口感却不得而知。因为那些人每天喝完，就把盒子都装在一个袋子里带下山去了。

自从看到那些能喝的东西后，"皮皮"一直都在仔细观察那些人。他们来了之后，就将大

包小包放在山脚下一块巨大的石头上面，其中一个包里就有那种可以喝的盒子。有一天，"皮皮"终于抓住机会，它央求妈妈去偷那个盒子。妈妈实在拗不过"皮皮"的纠缠，便趁那些人不在大石头旁边的时候，跑去扯开袋子，拿走了盒子。

拿到盒子后，妈妈也觉得很奇怪，它对着盒子咬了一口，一

股奶香味扑鼻而来。"皮皮"追过来，想从妈妈手上要过盒子。可能盒子里的东西太好喝了，妈妈舍不得给"皮皮"，自己喝了起来。

这下，"皮皮"着急了，但它知道，硬抢，自己肯定不是妈妈的对手。它便立即温顺地坐在妈妈的身边，先在妈妈的背上理毛，近而到妈妈的面前，理妈妈

妈妈经不起"皮皮"的央求，来到大石头上偷酸奶

胸前的毛，最后又理妈妈前肢上的毛，一边理毛一边舔舔毛发上析出的盐粒。最后，它理到妈妈的手指时，妈妈将手中的盒子放在地上，举起前掌，任"皮皮"去打理。

就在这时，"皮皮"突然放下妈妈的前掌，抓起妈妈刚才放在地上的盒子，一溜烟似的跑上山，找到一个离猴群较远的地方，回头看看，妈妈没有追过来，"皮皮"立即撕开纸盒，三口两口喝完了里面的液体，又将纸盒翻开，伸出舌头舔起来……

妈妈带着"皮皮"一起去偷吃客人酸奶的事，被继父看得一清二楚，但继父没有立即责备它们母子。第二天，继父不知从哪里弄来一些枣，自己坐在那里吃。"皮皮"想向继父要枣吃，又怕继父不给，便怂恿妈妈去讨要，妈妈到了丈夫跟前，看丈夫没有给的意思，便坐在跟前望着丈夫。

眼看继父快把枣吃光了，"皮皮"急得直挠妈妈的背。妈妈刚要伸手，被丈夫甩了一巴掌。妈妈忽然记起，川金丝猴不可以从别人手中夺取食物，这是川金丝猴的规矩。之前，在人为投食的情况下，有些不懂事的个体夺其他猴子手中食物，受到长辈们的谴责。如今"皮皮"妈妈为了孩子遭受丈夫的巴掌，心里肯定很不好受。

又过了一些日子，到了深秋，山上的野果相继成熟。"皮皮"的继父带着全家成员，时常到比较远的地方去寻找一些野果。有一次，"皮皮"的继父找到一只藤本野果——八月瓜，当地人称其为"八月炸子"。看继父吃得津津有味，"皮皮"非常想吃，可继父就是不给它。"皮皮"一连好几天都睡不好觉，一直想着那个八月炸子的味道。

终于，有一次在迁徙途中，"皮皮"在一个半山腰一家农户的地里，发现了继父吃过的那种八月瓜。它偷偷地溜出群，翻过农户的围栏，钻进八月瓜藤架，摘下一个又一个，每个上面啃几口，很快，一架八月瓜就被"皮皮"祸害得所胜无几了。

吃完八月瓜，"皮皮"再也追不上迁徙的队伍，它便一边走一边玩。它来到一株橘子树旁边，看着满树黄澄澄的大橘子，金灿灿的实在馋人。可摸摸滚圆的肚皮，"皮皮"实在吃不下了，但它又不甘心放弃。它干脆爬上树，将橘子一个一个摘下来，扔在地上。过了一会儿，地上铺了一层圆溜溜的橘子。

"皮皮"这种不守规矩、乱摘农民的果子的行为，真是给整个猴群闯了祸。这么多年，玉皇庙的农民能与这群川金丝猴和睦相处、不驱赶它们的原因，就是东梁群的猴子不祸害农民的庄稼，不偷吃老百姓的东西。"皮皮"偷吃八月瓜、祸害橘子的事情，很快在东梁玉皇庙传开。从此以后，受到损失的东梁老百姓不再喜欢这群猴子。甚至，有的遭受损失的农民，见到这个川金丝猴群就开始驱赶。猴群中的许多家庭对"皮皮"颇有微词。

离开原生家庭

以前，无论继父还是母亲，都将传统的伦理观念灌输给"皮皮"。要有集体主义观念，不能犯自由主义错误；对群内其他成员，要礼貌谦让，不能以自我为中心；遇事要多考虑群体利益，不可自私自利；一个雄猴将来要成为主雄，必须懂得自律，还要自觉，等等。尽管继父和母亲说得口干舌燥，但在"皮皮"身上都不奏效。

对"皮皮"这种屡教不改的好吃恶习，继父心生诸多不满。它开始盘算如何教训一下"皮皮"，但几次尝试，均以失败告终。也许继父再也无法容忍"皮皮"的贪吃，更不能忍受"皮皮"给大家带来的恶劣影响，便提前将它赶出原生家庭。虽说"皮皮"的妈妈有些不忍心，也为"皮皮"离开原生家庭后的生活担忧，但也没有过多地挽留。

在川金丝猴全雄单元里，虽说年纪大的雄猴对青年猴有培养教育的义务，但比起妈妈的关爱，那还是差了许多。"皮皮"初到全雄单元，有些胆怯，非常思念妈妈与原生家庭，很不适应。第一天，它也是第一次在全雄单元单独过夜，"皮皮"感觉冷风透过毛孔，直往肉里钻。它想起继父、妈妈和姐姐的怀抱是那么的温暖，想起每次含着妈妈的乳头睡觉是那么踏实，想起家里每个成员都那样宠爱自己。如今，自己在又冷又黑的夜晚独自睡觉，还要忍饥受怕，它"嘤，嘤"地哭起来。

"皮皮"越哭越伤感，越哭越害怕，这时两条强有力的双臂将它抱住。"皮皮"以为是爸爸或者妈妈来了，便一头扎进这个温暖的怀抱。过了几分钟后，"皮皮"突然从这个怀抱中挣扎出来。它发现这不是爸爸或妈妈身体上的气味，在这个怀抱里的感觉也不一样，它不知道来者是谁，它要挣脱出去。

"皮皮"逃离了这个怀抱，并没有看清楚抱它的是谁。它跳上树干，再仔细瞧瞧，天实在是太黑了，夜幕把天和地都包裹起来了。它到底是谁呢？为什么来抱自己？"皮皮"独自坐在离刚才那个栖身地几米高的地方，用力地睁大眼睛，看着眼前这个又高又大的身影。

啊，原来是一只黑熊！"皮皮"听到粗重的喘气声，看到两只绿色的眼睛，它拼命地喊着。群里顿时"炸了窝"，大家纷纷起身，抱着自己的孩子，躲到树的最高处。

天终于亮了，黑熊不知什么时候溜走了。全雄单元的哨兵猴吹响了起床的"号角"，各个家庭夜栖的树梢开始摇晃，有些幼猴已经等不及父母从睡梦中醒来，它们要先行去觅食，去迎接新的一天。

看着远处的树冠在微微晃动，"皮皮"开始猜想原生家庭中谁第一个起床了。可能是姨妈，今年姨妈虽然没有生育，但它总是第一个起床，帮助有婴猴的妈妈带婴猴，然后又带着幼猴去找吃的。"皮皮"想到这里，开始怀念在原生家庭生活的点点滴滴。它后悔自己不该太贪吃，没有听继父和妈妈的话，今天差点儿就成了黑熊的口中餐……

有了这次遇险的教训，"皮皮"懂事了很多。它在老雄猴的带领下，按照群规行事，不再一意孤行。全雄单元的前辈们对这个毛头小子，也给予了很多的关怀。它在全雄单元的前辈们的帮助与调教下，尽职尽责地守护着这个猴群。若干年后，它竟成为一只出色的主雄。

■ 黑熊正悄悄向川金丝猴栖息地迈进（周至国家级自然保护区提供）

调皮鬼"灰灰"

一对恩爱的父母

"灰灰"是东梁川金丝猴群体里"旋风"和"火苗"的儿子。"旋风"还是亚成体时，就表现出了不一般的英勇。它在原始森林的树梢上跳跃，从树上到树下，再从树下到树上，它就像旋风一样忽闪而过，因此得名"旋风"。

"火苗"的毛发颜色极其鲜艳，黄得发红，特别是在阳光的照射下，远远望去犹如一团火焰，因此得名"火苗"。"火苗"不仅毛色夺目，还有深蓝色的脸庞，玫瑰红的嘴角瘤，它的样貌是秦岭川金丝猴亚种的典型

■ "灰灰"的全家福。爸爸"旋风"（左）、"灰灰"（中）、妈妈"火苗"（右）

■ 夫妻俩一直恩爱如初。"灰灰"一岁多的时候，夫妻还是如胶似漆，形影不离

代表。

　　"火苗"的父亲是外群一只雄猴。"旋风"在外群与众多雄猴的夺妻大战中取胜，将"火苗"母女俘获。据当地护猴员说，"火苗"对本该是继父的"旋风"一见钟情，当时，它便女随母嫁，成了"旋风"的老婆。

　　"火苗"与"旋风"很快就成了一对相亲相爱的夫妻。"火苗"随丈夫"旋风"来到东梁群不久，便怀上了孩子，这让"旋风"喜出望外。它终日与"火苗"形影不离，在猴群中非常恩爱。

　　按照川金丝猴的繁育策略，一个有多只雌猴的家庭，每年至少有一只雌猴选择不育，为其他雌猴的婴猴担任保姆。见女儿有喜，"火苗"妈妈主动放弃了生育，甘愿充当保姆的角色。

　　立春刚过，秦岭玉皇庙一带

"旋风"与"火苗"是一对恩爱的夫妻

89

还沉浸在冰封雪飘之时，"火苗"生下了儿子"灰灰"。"火苗"和"旋风"虽然初为父母，但十分疼爱自己的"宝宝"，它们日夜呵护着"灰灰"，夫妻俩时常将儿子夹在胸前，暖在怀里。"火苗"的母亲及家中的其他雌猴更是不离左右，随时伺候。

"火苗"与"旋风"的孩子的到来，打破了东梁的宁静。由于没有经验，"灰灰"出生时的胞衣没有被妈妈吃掉，这引起了一些猛兽的关注。刚刚结束冬眠、饥肠辘辘的黑熊靠着灵敏的嗅觉，率先来到这里找食物。

黑熊的到来，给种群增添了不小的骚动。川金丝猴虽然多在树上栖息，可黑熊也是爬树高手。况且黑熊也极其聪明，若是在夜里偷袭，它得手的可能性非常大。无奈，川金丝猴选择向离村庄近的地方迁徙。

走进村庄，这是川金丝猴的无奈之举。玉皇庙的村民们喜欢东梁群猴子的原因就是东梁群猴子不进村，不祸害老百姓的庄稼。一梁之隔的西梁群猴子却时常跑进农田，专门干拔萝卜、偷玉米、挖土豆的坏事。

"淘气包"灰灰

"灰灰"出生半个月后，便随父母来到一个村庄旁。这里有一座很特别的建筑，和周边的房子都不一样。"灰灰"很好奇，它想去那里玩耍，可爸爸妈妈都不同意，"灰灰"还没有独立行走的能力，只好眼巴巴地望着那里。

时间好快，眨眼的工夫"灰灰"已经两个月了。这时的"灰灰"已经能够自如地在地面上行走，看到村民的鸡、鸭、猫、狗，"灰灰"还主动和它们打招呼。它看到一只和自己大小差不多的小猪崽，便误将小猪崽当同类了。

这时，趁着妈妈不注意，"灰灰"溜了出来。它来到村民家的猪圈旁，猪妈妈正懒洋洋地躺在铺满稻草的猪圈里，十几只小猪崽齐刷刷地吸吮猪妈妈的乳汁。看到这一切，"灰灰"非常惊诧。

为什么猪妈妈可以一次生那么多孩子？为什么妈妈只生下我？"灰灰"觉得自己太孤单了，它要离开妈妈，想认猪妈妈做妈妈，和一群小伙伴玩。"灰灰"立即跳进猪圈，也躺在小伙伴身边，充当了一只小猪崽。

粗心的猪妈妈，它竟然没有发现家里多了一个孩子。当它领着孩子们散步时，看到有一只"小猪"骑在另一只小猪的背上。猪妈妈上前制止，用嘴拱了拱，

■ "灰灰"一出生就显示出与其他婴猴的不同。在群里,它谁也不怕,刚刚两个月的时候,就敢扯其他猴爸爸的尾巴

■ "灰灰"对小伙伴也是天生的自来熟,对谁都敢用肢体语言

■ "灰灰"父母将其夹在胸前,"灰灰"妈妈为丈夫理毛,旁边的雌猴为"灰灰"妈妈理毛

才发现骑在背上的不是自己的孩子，而是一只川金丝猴幼崽。

猪妈妈"哼"了两声，立刻把"灰灰"搡了出去。被猪妈妈驱赶，"灰灰"很不爽。可它很快在猪圈的另一侧发现了一个圆形的窝，里面还有一些圆圆的玩具。"灰灰"用还不太灵巧的手，把这个玩具拿在手上左瞧瞧右看看。

玩了一会儿，"灰灰"对这个圆玩具不再感兴趣了，它随手把玩具重重地丢到石头上，没想到，圆玩具破裂了，黏黏的蛋清、金色的蛋黄，瞬间洒在石头上。"灰灰"不知道这是什么，它用手指蘸了去舔，感觉很可口。

也许是尝到了甜头，"灰灰"跑到刚才捡到圆玩具的地方，将这些玩具一只一只丢在石头上，再用手将这些玩具捣碎。饿了，

它就舔上几口，这些玩具不但止渴还可以充饥，"灰灰"玩得好开心。

"灰灰"开小差自是开心，妈妈和姥姥却心急如焚。"灰灰"爸爸"旋风"也像旋风一样，奔跑在树林中、山冈上、村庄上下，大声呼喊，四处寻找，就是不见"灰灰"的踪影。

下午了，川金丝猴群一般要换一个地方觅食，然后再到夜宿地去过夜。按照猴群的规矩，丢失了婴猴，所有的雄猴都要去寻找。由于连累了大家，"火苗"和"旋风"非常不好意思，它们用低头的方式向每个雄猴表示歉意。

"灰灰"正玩得开心，洋洋得意之时，它似乎听到母亲的召唤。它下意识地听了听，又似乎是爸爸的声音，可扭头看看，它们却没有在跟前。这时，"灰灰"

才发现只有自己在这里，这是什么地方，自己也不知道。

摔碎了所有的玩具，吃饱喝足的"灰灰"这时好想让妈妈抱着睡觉，可妈妈不在跟前，姥姥也不知去了哪里。"灰灰"只好将就一下，趴在猪圈旁边的石头堆上呼呼地睡着了。

太阳快落山了，山涧吹过一阵冷风，"灰灰"被冻醒了。天都要黑了，妈妈在哪里呢？一丝恐惧掠过"灰灰"的心头。它怕猪妈妈回来驱赶自己，才想到要立刻离开这个猪圈，要去山上找自己的妈妈。

"灰灰"的父母和东梁群全体雄性川金猴，正在分头寻找它。正在大家焦急万分的时候，"灰灰"的姥姥在猪圈旁发现了不知所措的"灰灰"，立即将它抱起，回到大群。

"灰灰"的这次离群，引起

了种群中很多家庭的不满。有的抱怨"灰灰"太淘气，有的认为"灰灰"的父母太宠惯孩子，有的觉得"灰灰"的姥姥没有尽到当保姆的责任。不过，同龄的伙伴们倒是觉得"灰灰"很勇敢。

回到母亲身边的"灰灰"，被妈妈和姥姥狠狠地教训了一顿，它也自知理亏，乖乖地在妈妈怀里安静了几天。这天，妈妈到树梢上摘树叶，将"灰灰"放在树干的树丫处等待，"灰灰"在等待时发现了一个树洞，它将手伸了进去。

"灰灰"发现了圆圆的小东

■ 和群里的伙伴一起玩，"灰灰"（左）经常搞一些恶作剧，小伙伴们对"灰灰"又喜、又爱、又怕

■ 两岁多的"灰灰"已经成了群中的"孩子王"，小伙伴们都喜欢与"灰灰"（右）一起游戏。它尤其喜欢与群里另一个大姐姐——"丫丫"（中）一起嬉戏

■ "灰灰"总是别出心裁，做一些搞怪的动作

西，它们还有些热乎呢！它把这些圆圆的东西拿在手里，仔细察看，发现它们和前几天玩的圆形玩具很相似。于是，它将这个圆玩具在树干上用力一碰，果然流出一些液体，"灰灰"立即俯下身用嘴吸取。

"灰灰"得意地舔舐手上残留的液体，嘴里似乎还念叨着"真好吃"！它想等着妈妈回来后报告自己的新发现。这时，两只头戴黑黄相间冠羽，长着尖尖长嘴的鸟儿飞过来，它们径直进入那个洞。

"灰灰"很好奇，这是两只什么精灵呢？还有翅膀，还能飞，可我没有翅膀也不能飞。就在"灰灰"感到纳闷时，两只精灵从洞里钻出来，对着"灰灰"喳喳地叫了起来。

"灰灰"听不懂鸟语，愣愣地看着眼前的两只精灵。听到叫声的"灰灰"妈妈立即跑了过来。看着"灰灰"手上的蛋液、树丫处的蛋壳和眼前的景象，"灰灰"妈妈全明白了，迅速带着"灰灰"离开了。

一天又一天，"灰灰"在爸爸妈妈的看护下长大，一岁多的时候，姥姥和爸爸的儿子出生了。"灰灰"非常好奇，也非常喜欢这个刚刚到来的小家伙，时常坐在姥姥的身边，摸摸小家伙的脸，捏捏它鲜红的小手指。

"灰灰"这下高兴了，自己毕竟当了哥哥。"灰灰"几乎每天都要看看弟弟，捏捏手指，摸摸脸蛋，扯扯小尾巴，有时还在刚出生不久的弟弟面颊亲两口。等弟弟稍大一点儿，"灰灰"就带着弟弟"上树爬墙"，在群中成了有名的"淘气包"。有一次，"灰灰"把弟弟带到小树上，引诱弟弟向高处攀登，可弟弟太小了，没有这个胆量，"灰灰"就玩起了单手单杠，弟弟

■ "灰灰"的弟弟出生了，看上去比"灰灰"斯文很多

■ "灰灰"（左）想让弟弟和它一起玩单杠，弟弟吓得直叫，兄弟俩嬉戏玩闹，十分有趣

也学"灰灰"的样子，谁知握力不足，差点儿掉下来，吓得"哇哇"乱叫。"灰灰"却在一旁不断地鼓励弟弟"男子汉要勇敢"，并亲自做动作，示范给弟弟看。在"灰灰"的鼓励下，弟弟胆量逐渐大了起来，它很快学会了爬树，在单杠上也能自由玩耍，不仅能在单杠上脱手，旋转360度，还学会了往旁边的树上跳跃。

"灰灰"的家庭是一个非常有爱的家庭。川金丝猴的社会也和人类社会一样，家和万事兴。

成长为青年才俊

看着"灰灰"如此喜爱弟弟，爸爸妈妈都非常高兴，主雄"旋风"更是对这一大一小两个儿子宠爱有加。它还经常鼓励两个儿子到大群里，去和更多的伙伴一起玩。在爸爸的引导与鼓励

■ 已经成年的"灰灰"（左）正在和全雄单元中一只退役老雄猴切磋打斗技巧

下，"灰灰"和多个伙伴成了好朋友。它们在一起嬉戏玩耍，这看似是一种孩提时代的游戏，其实更多的是一种自我成长和增长智慧与技巧的过程，为日后成为主雄打拼天下，积累经验。这也是川金丝猴能把优秀基因代代相传的一种策略。

"灰灰"3岁时，"旋风"虽然有些不舍，但知道到了父子分离的时刻。它知道，只有让"灰灰"早日脱离原生家庭，去独立生存，它才能增长才干，日后方能挑起兴旺种群的重任。就在"旋风"思忖如何开口，怎么下手时，"灰灰"突然不见了。

"火苗"有些着急了，它在四处寻找"灰灰"，却始终不见"灰灰"的踪影。"灰灰"爸爸"旋风"却并不着急，凭着"灰灰"如今的体力和能力，无论到了哪里，它都能够独立生存。也许有一天，"灰灰"突然出现在群中，那时的"灰灰"可不是来玩的，它是来挑战的，也是来夺取主雄之位的。

就在"火苗"对"灰灰"的思念已经快淡化的时候，突然有一天，它惊奇地发现，犹如一个青年才俊的"灰灰"出现在离它们觅食地不远的一块巨石上面。

看到它，"火苗"和"旋风"都非常欣慰，它们的长子就要为其父母传宗接代了。这也是川金丝猴种族的喜讯，无论"灰灰"能否顺利地当上主雄，它都朝着川金丝猴的使命，一步一步地前进。

"旋风"放心了，它开始了下一步的计划。遇到好吃的野果，它主动将"灰灰"的弟弟带在身边，让其自己采摘；好玩且有风险的地方，它也带上这个儿子去试试身手。它要像培养"灰灰"那样，把这个儿子也培养成才，让它成为对兴旺川金丝猴种群有用的英才。

第四章
观察川金丝猴行为

川金丝猴个体、家庭与社会

2020年12月的最后几天，我和几位影友又一次来到神农架，去探访那群被我们观察了不知多少次、拍摄过几万张图片的川金丝猴。

我的书稿《川金丝猴生活图解》虽然搁笔了，但是迟迟没有交稿。自己觉得书的内容还不够充实，图片也还有一些欠缺。我本想再去周至国家级自然保护区观察一两次川金丝猴，让内容更充实。然而，2020年来临的疫情使周至的行程落空。好在岁末之时，我终于有了前往神农架拍摄的机会。尽管神农架的川金丝猴与周至的川金丝猴在个体形态

■ 貌似玩耍，实为一场演习，其中暗藏杀机

和行为上有一些不同，但它们各有各的特点，也算一种相互之间的弥补。就如同神农架有句口头禅"捡个东西总比掉个东西强"。更何况，此次拍摄并非是捡个东西这么简单，而是一次有计划有设计的观察与拍摄。

观察与拍摄前的功课

去神农架拍摄与观察，与同伴商定好行程后，我还是做了许多功课。

半年多来，为了这次拍摄，我认真地读了几本关于灵长类动物研究与科普方面的书。其中日本松泽教授的《想象的力量》和荷兰著名心理学家、动物学家、生态学家弗朗斯·德瓦尔的《黑猩猩的政治——猿类社会中的权力与性》这两本书，对我的启发很大。简单地说，前一本书讲猩猩为什么没有进化成为人类，因

为猩猩缺少人类的想象力，可见想象的力量是多么的巨大和重要。后一本书讲述的是另外一个话题，德瓦尔认为：人与动物的本性是一样的，不同的是，动物的动机更纯粹，而人类更会掩饰这些动机，显得更虚伪。

对这两本书的阅读和初步理解，我对川金丝猴的观察与研究也有了更宽阔的眼界。原本，人类学与动物学似乎是两个独立的、不相关的生硬的板块，这两个板块可能永远都无法连接到一起。若采用工业技术——焊接的方法，即便是两块铁板，也可利用"分子间存在相互作用的引力和斥力"的原理，将其合而为一。但这种技术还不太适用于生物学研究。对不同物种的生命而言，这种简单的技术是无法将两个不同类别的群体与个体、伦理与遗传、生活与文化进行沟通

的。若想在这两者之间找到一些契合点，需要一种架构。这个架构需要对两个物种都熟悉或者都有研究热情的人去完成。我愿意去尝试这个行动，去编织这样一种架构，我暂且称这种架构为"人与动物的软组织连接"。这种软组织连接不是脐带相连，它可以是隐形的，也可以是虚拟的，更可以是一种想象或者理论。若是真的将其放在理论层面上来说，它更像文学研究中的比较文学。

诚然，这种跨物种、跨语言、跨学科、跨文化的研究，似乎更有新意，或者说用"比较文学"的研究方法，去进行动物学研究，其本身就有更大的张力与宽阔的视野。也许，这种说法会被认为是异想天开，但是，如果谁都不去做研究与尝试，那么"能直立行走，会使用工具的

就是人"的定义，永远都不会遭到质疑。如此这般，那么柏拉图的"两足无毛直立"的定义，补充上第欧根尼"再加上宽大的指甲"，那么，川金丝猴绝对是地道的"人"了。因为，这些元素，川金丝猴都具备。

在这几年关于滇金丝猴和川金丝猴两种金丝猴的观察与研究中，我一直在寻找它们的共同点与不同点，由此而外延到与人类的相似之处，寻找人类在猴群中的踪影，当然，也努力去发现猴子留在人类身上的踪影。

在观察中，我发现，无论滇金丝猴还是川金丝猴，在它们的社会或者社区中，和人类社会一样，都需要一种安宁、友好、和睦、团结的氛围。只有在这样的氛围下生活，它们才会无忧无虑，自由自在。而它们的领域行为，更多的是告诉同伴以邻为友，守土有责，互不打扰，这是它们最好的也是最安全的相处方式。人类不也正是如此吗？不同的是，人类对这些规定有法律约束，而金丝猴的社会没有法律。但它们的自律原则，或许比人类社会的法律更有效，执行得更坚决。

■ 以大欺小，这样的事情在神农架川金丝猴群中时有发生

览阅星河，俯瞰世界，世界需要和平，人类需要和平，动物界也需要和平。当然，我说的动物界的和平是指本物种间的和平，并非生物链上的和平。

或许，如果单从这个和平的层面来说，金丝猴的社会应该是一团和气，没有刀光剑影。然而不是这样，凡是有人群的地方就有江湖。动物也不例外，更何况是与人类同目的灵长类动物呢？

一次近距离观察

在神农架，对川金丝猴的近距离观察中我们发现，虽然冬季供这群川金丝猴的自然食物并不多，但它们在自然采食中，还是有非常明显的觅食顺序。它们按照家庭在种群中的地位以及家庭成员中的长幼尊卑，有次序地去采食。采食过程，它们绝对不会一次吃个够，吃光食物。它们

会留下一部分，给同伴，给后来者，这是它们自己的采食原则和生存智慧。有了这些原则，加上川金丝猴天生的自律，它们很少会发生因食物资源短缺而打架的现象。但是，在人工集中投食时，川金丝猴那种自私、贪婪的劣根性便充分暴露出来。例如：护林员将一大背篓红薯投放成一个大堆，猴子们就会一拥而上，又抢又夺。有的猴子很自觉，拿一个就走；有的猴子会一手拿一个；有的猴子拿两个还不算，嘴上还要叼一个。更有甚者，有的猴子还会挑选，先拣了个小的，拿在手上看看，扔了，再拣个大的。有的猴子来晚了，看看地上没有了，会到同伴的手上去夺。遇上一个脾气性格温和的，它抢了就抢了，可遇上暴脾气的，当然就要打架。也是基于这一点，后来，护林员再投食时，便分散

在食物面前，有些川金丝猴个体贪婪、自私的本性充分暴露

■ 猴爸爸的贪婪让猴妈妈非常气愤

投放，尽量避免猴子因抢食而发生冲突。

观察完人工投食及川金丝猴的采食过程，再去观察这群川金丝猴的自然采食。说实在的，神农架的下雪天，它们的自然食物真是少之又少。经过一段时间的寻找，这群川金丝猴来到离刚才人工投食点很近的森林边上的一片杂灌混交林中。此时，它们只能找树上的嫩枝条，啃食树枝条上的皮。有一些年龄尚小的幼猴，只能把干枯的树枝含在嘴里，似玩耍，似咀嚼。全雄单元此时还不敢到家庭群这边来觅食，可它们是采食高手。有两只年龄稍长的雄性川金丝猴看上了树林边缘的一片竹林，便在那里吃起了竹叶。在过去的观察中，我从来没有观察到猴子吃竹叶。我感到很新奇，立刻跟踪观察这个小群体。

全雄单元真不愧为采食高手。它们用脚掌先踩住竹子的根部，双上肢将竹子按住，然后用一只脚掌向竹子的中间部分滑动，将竹子按在离地面不算高的地方，再用脚掌将竹子压住，这样，它们就可以自由自在地采食竹叶了。

川金丝猴吃竹叶，比起大熊猫吃竹叶，真是聪明多了。它们采叶子非常像人类的动作。它们一只手捉住竹竿，一只手用力一撸，一串竹叶就在手掌中了。它们将手掌中的竹叶整把地填进嘴里，颌骨上下咬动，竹叶很快被嚼碎并吞进肚子里。这样，一边撸竹叶，一边咀嚼，一边吞咽，吃得非常自如，津津有味。

这两只个体雄猴吃竹叶的情景，被另外几只雄猴看见，它们也立刻跑过来，加盟到吃竹叶之中。此时，一只个头儿较大的雄性川金丝猴正拽着一根竹竿吃竹叶，一只看似个头儿稍微小一些的雄猴来到个头儿大的雄性川金丝猴身旁，还顺势坐在它的旁边，毫不客气地摘下竹叶就吃。对小个头儿猴的这一举动，个头儿大的雄猴并没有表示出不满。可它们采食到距离比较近的时候，冲突一下就发生了。原来，小个头儿的猴采了大个头儿猴子眼前的竹叶。两只川金丝猴子立即打了起来，大个头儿的猴子抓起一把竹毛子，对着小个头儿猴子用力抽打。小个头儿的猴子也不甘示弱，立刻还击。一时间，雪花飞扬，雪粒四溅，战况非常激烈。最终，以小个头儿猴子离开那片竹林而告终。

人为干预对猴子行为的影响

关于人工投食，研究者历来

■ 几颗花生也会引来川金丝猴种群的寻觅

■ 左边的雄猴在一场食物争夺战中受伤，右上眼睑被撕裂。遇上这么大的雪，气温低到零下十几摄氏度，它们真是让人揪心

分为两大主张。一方主张通过人工投食，近距离地观察猴子，以此来获得更多的信息，提高研究的效率，取得成果突破。另一方反对这种人为干预，他们认为：动物只有在纯自然状态下表现出的自然行为，才是真正的动物行为，任何带有人为干预条件下所表现出来的行为，都不是动物的真实的自然行为。因此，在当前的研究中，也分为自然研究和非自然研究两大类别。两者没有谁

对谁错，只是研究的方法不同而已。纯自然研究，得出的结论可能更接近自然，但是时间的跨度要更长，难度也更大。

川金丝猴是一种胆量很小，非常警觉的动物。纯自然状态下的川金丝猴，人们根本无法接近。一是它们有非同一般的听力，在离人很远地方，它们就能准确地捕捉到人的信息。还有，它们的视力也非常之好，对颜色有着极强的分辨能力。不像犬科动物，眼睛只有黑白的世界。川金丝猴则不然，它们不仅能认出人，而且能辨认人的模样。

在神农架，还是这群川金丝猴刚下山的那几年，我们做了一个这样的试验：第一步，由一个陌生人拿着那个平时给这群川金丝猴投食用的塑料盆，里面装上花生和苹果，对着山上吆喝，川

金丝猴发现塑料盆后，只是驻足相望，并不往山下走。第二步，端塑料盆的这个陌生人学护林员的声音呼叫山上的川金丝猴，川金丝猴还是观望，只有个别的幼猴往山下走了几步。这时，有成年猴发出叫声，不知是听到叫声，还是看到其他成年川金丝猴没有往下走，往下走的这几只幼猴又返回猴群。第三步，陌生人将塑料盆交给护林员，自己站在旁边。护林员对着山上轻轻地拍动塑料盆，川金丝猴便如猛虎下山般地奔跑过来。

2020年12月底，我们这次来神农架观察这群川金丝猴时，又做了一个试验。一天上午，拍摄的时候，我向拍摄的那只雌性川金丝猴投了一小段胡萝卜，这只雌性川金丝猴没有马上去捡食，而是盯着看了许久。这时，来了一只个体较大的雄猴，它立

即捡食了那段胡萝卜。当我第二次再投出胡萝卜的时候，那只雌性川金丝猴便小心翼翼地捡起了胡萝卜，它拿在手上看了又看，最后，还是放到嘴里吃下去了。下午，我去拍摄时又找到了那只雌性川金丝猴，我对着它，掏出胡萝卜拿在手上玩，它便一直用眼睛盯着我。看到这只川金丝猴对胡萝卜如此感兴趣，我便稍微离开一段距离，见我走开了，它也跟着我走了几步，然后，就慢慢地离开了我。当我再一次走近它，没有拿出胡萝卜时，它只是看了我两眼，就若无其事地采食去了。当我又一次拿出胡萝卜放在手上玩时，它立刻从树上下来，像孩子学走路一样，晃晃悠悠地来到我的面前，两只大眼睛真诚地看着我。

我把罩在胡萝卜上面的保鲜膜撕开，将胡萝卜扔在我和它之

间的地方，这只雌猴立即拾起胡萝卜，快步上了树。这一次，它没有看，直接吃了下去。吃完了，它还用两只忽闪忽闪的大眼睛看着我，那神情好像在问："真好吃，还有吗？"如果不是近距离观察，川金丝猴的这种行为我们不会见到，当然，也不会发生。这一切都是经过人为干预后所产生的行为。从另外一个侧面，我们也看到灵长类动物的学习能力，感受到它们的智慧，更看到在它们身上所展现的人的踪影。

川金丝猴更需要 一个和谐的社会

近几年，在对陕西周至和湖北神农架两地川金丝猴的观察和研究中，我们发现，川金丝猴在主雄之位的争夺战中，并不是完全靠体力取胜的。

社会和平、家庭和谐，这是川金丝猴种群壮大的重要因素之一以神农架"大胆"失去主雄之位为例，并非是"公子小白"的个体力量比"大胆"强。按当时的情况，"大胆"正处于盛年，无论体力还是经验，都比"公子小白"更胜一筹。但"大胆"却被打败了，若究其原因，"大胆"可能太轻敌了，它输在了智慧不足。

"公子小白"第一次挑战"大胆"的主雄之位时，被"大胆"教训了一番。"公子小白"吸取了这次教训，当它再次回到这个家庭群，其实就是冲着"大胆"来的，但"大胆"可能觉得，你回来我也不怕你，你就是我的手下败将。"大胆"没有学过中国历史，也没有听说过"骄兵必败"这个典故，也许是太大意了。谁知，"士别三日，当刮目相看"。另外，就是"公子小白"还赢得了群猴的心。自从它这次回归后，一改往日的毛糙，尽力为大家谋取福利，这时，大家拥戴"公子小白"。当它再次出手挑战"大胆"时，大家对"公子小白"都给予支持。"大胆"在争夺战中受伤，失去主雄之位。

在周至，我们也观察到一次以弱胜强的"家庭兵变"。原来的主雄太残暴，它不仅不会关照家庭成员，还时常"家暴"它的妻子和儿女，以至于群里的其他主雄每次见到这个主雄都如风声鹤唳，避之唯恐不及。

最终，它因"家暴"一只幼猴，遭到幼猴母亲的拼命反抗，导致全体雄猴群起而攻之，旧怨新仇，一起结算，被打得奄奄一息。最后，一只个体并不出色、平时不显山不露水的小雄猴接管了它的家庭。

在多次的观察中，我们发现，无论川金丝猴还是滇金丝猴，它们都需要一个相对安宁、和睦友好的社会，需要每个家庭都有一个贤德温良的主雄。只有这样，这些家庭才会乐享自然，温情守护，和衷共济。只有这样，这个种群才会有健康的社会生态，其乐融融的家庭氛围。只有这样，大家才会生活得快乐、美满幸福，种群兴旺。

母爱，最伟大的爱

辛苦而伟大的孕育过程

在川金丝猴的族群中，婴猴是大家共同爱护的对象。婴猴无论走到谁家，怎样调皮玩耍，其他成员都不可以有任何伤害婴猴的举动。这既体现了川金丝猴与其他物种的不同，也是川金丝猴这个物种在经历了沧海桑田之后，还得以生存下来的因素之一。在观察中，我们发现，若是哪只个体，哪怕是不经意间伤害了婴猴，也会遭到整个种群的谴责与痛击。

川金丝猴雌猴怀胎、抚育婴猴，真是一个辛劳而伟大的工程。这个工程也只有靠母爱的本

初为母亲的年轻雌猴，即使在平坦的草坪上，也不敢将猴宝宝放手

■ 当猴宝宝长到一个月大的时候，结伴而行的母亲才敢将它们放在面前的草地上玩耍

■ 对于来访的小客人，即使它们蹬鼻子上脸，成年猴也会任其玩耍

■ 无论行走还是跳跃，猴妈妈总是将猴宝宝随身携带，精心呵护

能与力量，才能完成。孕育一只金丝猴胎儿，孕期要达7个月。怀孕期间，雌猴攀爬、行走、觅食、跳跃等动作，与群中的雄猴、幼猴及未怀孕的雌猴，没有任何的不同或减少。有时，这些怀孕的雌猴，甚至还要带着未成年或者还在吃奶的幼猴，一起攀爬跳跃。

川金丝猴雌猴怀孕的7个月中，它们还要经历季节的变化。按照川金丝猴的生长繁殖规律，周至国家级自然保护区内的川金丝猴一般会选择在夏季受孕。据研究者介绍，四川、湖北的川金

出生不到24小时的猴宝宝，还无法睁开眼睛，除了本能地吃奶，便是紧紧地抓住妈妈的体毛

出生3天后的猴宝宝，虽然它睁开双眼，惊奇地打量这个世界，但脸上的红斑仍然向家族昭示，它是新来的"宠儿"

丝猴也是一样，生育时间也差不多。川金丝猴选择在这个季节怀孕，自有它们的道理。雌猴受孕后，经过夏、秋、冬三季的体内孕育，早春时，它们便"开枝散叶"，生下猴宝宝。

刚刚出生的猴宝宝，体重500克到800克，1个月后，体重1000克左右。很多猴宝宝刚出生时还不会睁眼，面部带有红色斑点，体质非常虚弱。这时的猴宝宝，研究者也称其为"婴猴"。

一只婴猴能否顺利地存活下来，成长为成年猴，主要取决于它的母亲。母亲的生活经验、抚育能力、个性品格都是影响婴猴成长的重要因素。

川金丝猴是一种有智慧的动物，它们选择在人迹罕至的高海拔地区栖息，这当然是为了生存的需要。因此，川金丝猴怀孕、产仔、育儿，可谓辛苦至极。在饱经风霜的怀孕过程中，为了保住腹中胎儿，川金丝猴母亲都是小心翼翼的，在迁徙、觅食与家中成员相处中，时刻都是战战兢兢的。

大自然对每一个生命都是公平的，对做了母亲的川金丝猴也是如此。无论是食物短缺，还是风霜雨雪，川金丝猴母亲都没有得到任何特殊的关照。这也是它们选择让猴宝宝在早春出生的直接原因，春夏养育，深秋后，婴猴已经有了抵御自然环境变化的能力。从这些因素中，我们不难发现，川金丝猴真是一个非常有智慧的物种。

川金丝猴的生存环境大多比较恶劣，海拔高，食物匮乏，这些是它们栖息地的天然缺陷。为什么它们会选择在这样的地方生存？这是它们历经多年的最终选择。这里面有食物的因素、躲避天敌的因素等。人类有句话"时势造英雄"，其实时势也会捉弄人，川金丝猴当年选择在这种环境栖息，有其当时自然条件的诸多因素，现在，也可理解为"造化弄人"吧。

川金丝猴的繁殖大多为隔年一胎。一个母亲只能照顾一个婴猴，因此一胎只有一崽。若是在一个有多只雌猴的大家庭中，每年都会有一只或几只雌猴选择不怀孕产崽，帮助其他猴妈妈看管婴猴。川金丝猴的这种帮助行为，被研究者称为"阿姨行为"。

川金丝猴妈妈除了为婴猴喂奶，日常行走时总是将婴猴抱在怀中或背在背上，还要为其理毛捉虱。猴妈妈除了看护"宝宝"免受天敌的侵害，还要从一点一滴开始，教婴猴学会生存的本领，学会与大群中小家庭的各个成员相处的技能。

也许是母性的本能，川金丝猴妈妈在哺育及抚养孩子期间，无论婴猴如何调皮顽劣，只要不伤及其他个体，母亲就会无条件地迁就。有的婴猴闹得母亲实在烦了，母亲也只是瞪大眼睛张着嘴深情地瞅着婴猴，似乎在问："你到底要怎么样呢？"

川金丝猴婴猴到了3个多月时，便可在妈妈的指导下，学着摘取一些嫩叶或者芽孢，这主要是锻炼婴猴使用前掌和手指的能力。当然，猴妈妈让婴猴自己动手，也有为其日后学习识别食物打基础。有时，猴妈妈还会带着孩子寻找一些小昆虫，让它试着食用。这期间是婴猴们重要的学习阶段。有经验的猴妈妈都会利用这个气候宜人、食物丰富的季节，让孩子尽情享受，全方位地学习。

川金丝猴的婴猴期一般为6~9个月。婴猴到了9个月后，体毛渐长，开始由灰变白，发梢渐渐显现出金黄色，这时期的婴猴被称为幼猴。幼猴时期，它们仍然要吃奶。一只幼猴能否存活下来，成长为成年猴，冬天的两个月是最关键的阶段。因为，川金丝猴多在3月到5月产崽，11月到12月正是食物青黄不接的时候。这时又正值隆冬季节，食物的短缺造成母亲奶水不足和营养成分下降，而幼猴又恰好到了食量大的年龄段，吃得特别多。这不仅对幼猴是一个考验，同时对雌猴和主雄同样也是一个考验。能否渡过这一关，第一要看负责为种群寻找食物的全雄单元的"探路者"，其次，要看家庭中的主雄能否很好地呵护这些哺乳期的雌猴。当然，很重要的还是取决于母亲们的育儿经验、对幼儿的照顾，以及幼猴自己的采食、消化及抵抗寒冷的能力等。

■ 寒冷的冬天，无论猴妈妈如何呵护，幼猴都面临生与死的考验

■ 熬过了冬天，猴宝宝到了一岁左右，长成幼猴了。猴妈妈会经常把它们带到树上，让其自由攀爬，学着辨认、寻找食物

伟大的母爱

秦岭的冬天是漫长的。这里是我国南北气候的分界线，秦岭的南坡和北坡，季节相差足有一个月。当南坡已经百花绽放，争奇斗艳的时候，北坡依然寒风凛冽，草木枯黄。周至国家级自然保护区属秦岭北坡。从前一年的10月到第二年的3月都是雪季。在半年雨、半年雪的气候条件下生存，这里的川金丝猴必须把自己锻炼成一个顽强的物种。说到这个物种的顽强，很大程度上归功于雌性的刚毅与忍耐。为了物种的繁衍与种群的壮大，雌性川金丝猴做出的贡献是巨大的。

在食物短缺的时候，很多雌猴会将怀孕、产崽的间隔拉长，有的三年产一崽，有的间隔时间更长，这时，雌猴也会将哺乳的时间延长。这样也养成了幼猴对母亲的依赖，它会不断地追着母亲吃奶。有的个头儿都和母亲差不多大了，还要不依不饶地吃奶。

从生理学角度，雌猴为了更好地孕育下一胎，在怀孕后，母亲的奶水就开始减少或断绝。这个时候，哺乳的母亲便要给幼猴断奶。给幼猴断奶，对母亲来说是非常纠结也非常难过的；对幼猴而言，这当然也是一个极其痛苦的过程。

猴子不比人。如果人给婴儿断奶，一是人们可以几天内不让孩子见母亲的面，二是还有牛奶及辅食替代。川金丝猴没有这样的条件，幼猴不吃奶就必须和成年猴子一样，吃大自然里的食物。幼猴的喉咙和口腔的软组织都还比较嫩弱，刚开始咀嚼那些又粗又硬的食物，有诸多的不适应。尽管如此，每只川金丝猴在成长过程中都必须经历这个过程，这也是生存之道。

川金丝猴幼猴在断奶和改吃自然食物的过程中，会出现一些不适应，大多幼猴经过一段时间的适应，就接受了自然食物。刚刚吃自然食物时，有的幼猴还乐此不疲地自己寻找食物，从它们寻找食物的表情上可以看出，很多幼猴找到自己喜欢的食物，还有一种喜悦和成就感。但也有个别幼猴实在顽皮，它会用各种手段耍无赖，讨奶吃。有的母亲实在缠不过孩子，又舍不得用暴力手段，只好任凭这些馋嘴小无赖，时不时地吃上几口。这时，若是仔细观察，有的母亲的乳头已经被孩子嚼得扁平而松弛，像耷拉下来的一块肉瘤。

2010年10月下旬，我们在神农架观察川金丝猴。一只和母亲个体差不多大的幼猴追着母亲吃奶，母亲不断地转身躲避，这只幼猴便上蹿下跳，又哭又闹。

■ 快两岁的幼猴（左一）还缠着妈妈要吃奶，旁边这个同龄的伙伴（右一），已经帮妈妈照看弟弟妹妹了

它一会儿跳到母亲的肩膀上跺脚，一会儿用双手拍地；一会儿又将双手握成拳头，击打母亲的后背；还一边扯拽母亲的毛发。

见这些动作还不奏效，它又一边击打母亲的前胸，一边哼叫，撒泼打滚，无所不用其极。这时，母亲转过头，用慈祥大于严厉的目光瞅着幼猴，幼猴一下抓住时机，钻进母亲的怀里，叼住乳头，拼命地吸吮起来。母亲似乎叹了口气，一脸的无奈。

■ 川金丝猴没有未成年人保护法，但它们对未成年婴幼猴的保护比人类的法律还严格。当天敌出现或者危险来临时，它们会将婴幼猴护在中间，用自己的性命来保护未成年的川金丝猴

除了对婴幼猴的哺育与教育外，抵御天敌伤害，也是川金丝猴雌猴在育儿中的重要一环。在四川做川金丝猴观察时，我们就曾经听当地老乡讲过一个川金丝猴母亲保护婴猴的故事。当时，有个猴妈妈正带着婴猴在地面上玩耍，一只金雕急速俯冲下来，攻击正在地面上玩耍的婴猴。这时，猴妈妈想立即带着婴猴离开，可是，已经来不及了。于是，猴妈妈便趴在婴猴的身上，用自己的身体护住了婴猴。最后，猴妈妈被抓伤后死亡，当然，婴猴因没有母乳喂养，不久也死去了。但猴妈妈这种为了孩子，以命换命的大无畏精神，和人类的母亲没有什么两样。

一只健康的川金丝猴的雌猴，育龄期为10到18年，一生可生育10胎左右。由于川金丝猴大多为隔年胎，或者多年胎，因此，雌性川金丝猴的一生，除了婴幼猴期，其他的时间大多在怀孕与哺乳中。到了年老体衰时，年轻时的配偶已经失去主雄之位，新上任的主雄又多是年轻气盛的"小伙子"。它们对年老的雌猴不感兴趣也瞧不上，在争夺主雄之位时，大多不会去抢夺老年雌猴。

没有新主雄争夺了，有的老年雌猴为了生存，只好蹑眉耷眼地投身到新主雄的门下，甘愿当一个家庭的"老阿姨"；有的老年雌猴性格刚烈一些，很快在猴群中消失，至于它们去了哪里，很少被人发现。据研究人员推测，它们可能会找一个自己喜欢的地方，了却残生，或者被猛兽进食了，也有人说它们可能到其他种群去了。对此，各有说辞，川金丝猴身上还有诸多的秘密，有待人们揭开。

单身一族——种群的希望与未来

退役主雄的去向选择

生活在全雄单元的"单身汉"并不快乐，特别是那些退役下来或者被淘汰的老雄猴，它们的命运大多非常悲惨。有些雄性个体，特别是在种群中地位比较高的家庭中的主雄，自从它当了主雄那一刻起，其权力欲望就不断地膨胀，大有"舍我者其谁"的王者之势。在这一点上，这些雄性"王者"和人类某些得陇望蜀的官员极其相似，端架子、施淫威，再也瞧不上其他雄猴。

天下没有不散的"筵席"。没有哪一个主雄是享受终身制

■ 全雄单元的新生代

的。一旦优势不在，它们回归到原来的等级序列之中，情绪就会极度失落，也不堪忍受眼前的屈辱，便干脆离开群体，好像去过"周游列国"的自由生活，其实成了无依无靠的流浪者。

流浪者的生活是什么样的感觉呢？我们暂不评价，但有一点不可回避，就本质而言，川金丝猴是群居的社会性动物。社会性动物最显著的特点是要过公共生活，也就是说社会性动物需要交流，需要互助，需要共同抵御天敌等。一个本属社会的一员，当其脱离社会，其实内心的恐惧是无法掩饰与克服的。坦率地说，它们离开群体期间，心理上的煎熬远远大于面子上的难堪。况且，单打独斗时，它们还要时刻面临天敌的威胁。很多老雄猴离群后不久，便在抑郁中死去。

也许性格不同，它们的心胸宽广度也不一样。有的退役主雄完全是一种顺其自然、随遇而安的心态，这也和人类中某些能上能下、宠辱不惊的官员极其相似。这种心态在个别川金丝猴雄性身上也体现得淋漓尽致。昨天，它还是叱咤风云的王者。今天，它回到全雄单元就是一个普通雄猴，有时它的地位还低于其他雄猴，但它依然表现出本真的淡定与从容，不能不说这是一种格局与境界。

当然，也有个别退下来的主雄，"官瘾"还没有过够。它会寻找另外的种群，凭着已有的主雄经验，到一个陌生的不熟悉自己的种群中，先去做普通的"单身汉"，如同刘备当年在曹营"勉从虎穴暂趋身"那样，伺机而动，再去争夺主雄之位。当然，有这种雄心壮志固然

是好事，但当主雄的这些年，它的身心都消耗很大，况且争夺主雄之位的大多是血气方刚的年轻雄猴，如果它没有保持超强的体能，成功的可能性就极小。若是竞争主雄失败，它连在该种群全雄单元中生存的机会也会丧失。这种冒险，往往带给自己的就是杀身之祸！

苦其心志成就未来

非人灵长类的川金丝猴，它们与人的品行性格也有很多相似之处。《孟子·告天下》中的"天降大任于斯人也，必先苦其心志，劳其筋骨，饿其体肤，空乏其身，行拂乱其所为，所以动心忍性，曾益其所不能"的表述，也适用于川金丝猴雄猴的隐忍与成就大业。

前面我提到的那只被继父赶出家庭的小雄猴便是一个很好的

成功例证。

那是一个非常炎热的中午，一只我们称其"黑豹"的主雄家暴一只小雌猴，因为这只小雌猴干扰了它的午休。也许，全雄单元中那只退役后时常关怀小雄猴的老雄猴，已经发现了这个家庭不和谐的端倪，早就开始关注这个家庭的一举一动了。客观上，主雄"黑豹"已经任职3年多了，也快到被淘汰的年龄。也许正是这个原因，"黑豹"近一年来心态变得极不正常，暴戾恣睢，为所欲为，动辄就对家庭成员施暴，时常

■ 从"小丑"到"老生"，一只雄猴的成长与蜕变

对邻居们龇牙瞪眼，与邻里的关系也非常紧张。

原本，"黑豹"家是一个非常和睦的家庭，家中的一妻六妾是具有血缘关系的三代雌猴。在川金丝猴家庭中，这是情感最融洽、关系最稳定的家庭。可是，由于"黑豹"管理不善，暴力频发，家中雌猴早已如惊弓之鸟，同时积怨在心，恨不得早日离开这个暴君。

这次"黑豹"掌掴小雌猴的举动，引起家中其他雌猴的强烈不满，几只雌猴携儿带女，都离"黑豹"远远的，上了另

青年时期意气风发

当上主雄飞扬跋扈

败下阵来心有不甘

年老体弱黯然伤神

■ 不同时期的"黑豹"

外的一棵很高的树上躲避，这恰好给其他雄猴创造了一个上位的好机会。全雄单元的老雄猴见此，立即带领那只刚刚长大的年轻雄猴冲了上去，抓住"黑豹"又打又咬，几个回合下来，"黑豹"便从树上摔了下来。在那只老雄猴的指点下，年轻雄猴立即前去争取"黑豹"的妻妾儿女。"黑豹"的这些家庭成员早就不堪"黑豹"的霸道与欺凌，已经忍气吞声多时。结果，年轻雄猴没费太大力气，7只雌猴带着四个儿女，立即投入年轻雄猴的怀抱。

回想如今成为主雄的这只小雄猴，初到全雄单元时只有两岁多，还是一个地道的孩子。在一个新的举目无亲的地方，它忍受孤独、忍耐饥饿，学会坚强，增长智慧，这不是每只雄性个体都能做得到的。

当然，用辩证的方法去分析，这只小雄猴的成功有其客观因素，因为它既是一个自我，又是一个社会性的我，二者缺一不可。还有一个重要的原因，就是当时的全雄单元所处的生态环境造就了这只小雄猴。老雄猴的关爱与鼓励，其中是否还有技术和策略上的传承，目前我们还无法得知，但至少老雄猴的引领，为小雄猴的成长创造了很多走向成功的条件。比如，小雄猴在履行自己职责时，能够快乐地执行，将保护猴群的生存安全视为己任，这成就了它的责任感；它为大家寻找食物，让大家生活得好一些，这锻炼了它的生存能力；它学会容忍对自己的很多不利因素，心智逐渐成熟，再加上老雄猴为其创造时机，指点迷津，这样，它成为一个出色的主雄，就成了必然。

全雄单元，种群的希望与未来

在川金丝猴种群中，全雄单元是特殊存在的一个群体。虽然全雄单元中的个体在身为"单身汉"时，地位低下，还时常被主雄欺负，但主雄又多来自全雄单元，每个主雄都经历过"单身汉"的历程。那么，我们可以将全雄单元比喻为"种质资源库"。因为，川金丝猴种群中的每只个体的遗传基因，有几乎一半来自这个家庭。这里的种质资源的品质，直接影响到川金丝猴后代的健康水平和生存能力。因此，全雄成员特别是青少年雄猴的体质及健康便十分重要。

全雄单元除了担当这种后备力量，还是整个种群的安全保障和生存依靠。它们肩负寻找食物、保卫安全、抵御天敌、守护阵地等多种职能。当然，虽然每只青少年雄猴都有当主雄的机会，但并不是全雄单元的每一只青少年个体都能当得上主雄。这里有客观的因素，也有个体雄猴本身能力与智慧方面的原因。有的雄猴在本群无法获得主雄之位，可以转战到其他种群去争夺。

在周至国家级自然保护区内，共有十多个100只以上个体的种群，离开本群到外群去争夺主雄之位，这是多个青少年雄性川金丝猴最好的选择。青少年雄猴的这种选择，还有利于基因交流及产生更健康的基因，这也是川金丝猴能够繁衍生息的重要因素。

但不容忽视的是，目前，在大力发展经济的形势下，很多川金丝猴栖息地遭到不同程度的破坏，有些地方成了完全的"孤岛"，栖息地的边缘成了不可逾越的鸿沟，阻断了它们基因交流的通道。这是当前川金丝猴保护中的首要难题，应该引起相关部门的注意。

■ 这只从主雄的位置上退下来的老雄猴，心态几近崩溃，整日懒洋洋地躺在地上

川金丝猴更需要友好型社会

1992年，联合国环境与发展大会通过的《21世纪议程》中，有200多处提及包含环境友好含义的"无害环境"（Environmentally Sound）概念，并正式提出了"环境友好"（Environmentally Friendly）这个理念。

环境友好型社会是一种人与自然和谐共生的社会形态，其核心内涵是：人类的生产和消费活动与自然生态系统协调可持续发展。如对环境中生态的利用要可持续；在自然中人为建设不伤害环境；在生活与

■ 陕西周至国家级自然保护区玉皇庙川金丝猴栖息地一角（陈金武摄影）

■ 陕西周至玉皇庙川金丝猴东梁群大草坪栖息地

生产中不对环境构成威胁等。在这种理念的指引下，一批"友好型"应运而出。如环境友好型技术、环境友好型产品、环境友好型企业、环境友好型产业、环境友好型学校、环境友好型社区，等等。这些"友好型"是否真正做到了"友好""绿色"，或者"生态可持续"，对环境"不伤害"呢？其实，这里不乏个别炒作概念的嫌疑。但是，如果将这个"友好型社会"用于川金丝猴的种群，可就名副其实且当之无愧了。

"跑着吃"里面蕴藏的大智慧

我最初对这群川金丝猴做行为观察时，总觉得川金丝猴在采食方面有些傻。几乎所有的个体都犯过这个毛病，即它费劲地找到一棵树，上面有很多好吃的东西，它也非常喜欢吃，可是它却不将这些好东西吃完，而是吃几口就跑了，再去寻找其他地方的

家庭和睦，才有社会和平

食物。再来一只猴子，也是如此，来到这棵树上，如获至宝一般找到了好吃的食物，依然不吃完就跑了。

当时，我曾想，是不是我们的观察干扰到它们采食了？后来，我便在这棵猴子爱吃树叶的树下，隐藏起来，看它们是否会将这些好东西一口气吃光。结果，我的想法错了，并非是观察者的干扰，它们才不把好东西吃完，相反，这是它们采食的一种策略。也许，它们知道，首先，自己喜欢吃的，同伴也会喜欢吃，留一些给它们；其次，采食要多样性，这样有利于体内对各种元素的需要；最后，不做赶尽杀绝的无后者。

川金丝猴真是一种具有大智慧的灵长类，也许它们不知道，绿色植物的光合作用是靠叶子中的叶绿素来完成的这些科学知识，但它们的祖先却在遗传密码中告诉它们，凡事要留有余地，不可斩草除根。它们正是遵循了这个祖训，才得以繁衍与壮大。与川金丝猴相比，人类中那

■ 边吃边走，边走边吃，这种采食习惯也是一种智慧

些竭泽而渔、杀鸡取卵的行径是多么愚蠢！有些人，有些不良企业，他们端着老祖宗留下来的饭碗，却干着断子绝孙的营生，从这点上看，这些人，真是连猴子都不如。

抱团取暖与团抱友善

周至川金丝猴的另一个特点，就是这里的猴子特别喜欢拥抱，这在其他地方的川金丝猴种群中并不多见，至少拥抱的频率不会

这么高。这一点让观察者很好奇，我们也对此进行观察并拍摄。

最初，我们见到的是一个家庭中的主雄与妻妾相拥，然后是家庭的雌猴们相互拥抱，紧接着又发现未成年的那些少年猴更喜

欢拥抱，再后来的发现就更让人感到奇怪了，在亚成体中，非家庭成员也会相互拥抱。

这种非家庭成员相互拥抱，在滇金丝猴家庭中是不可能出现的。滇金丝猴家庭的领域界线划分得非常清楚，属于甲的领域，乙是不能越雷池半步的。

除了小婴猴或者幼猴，可以到其他家庭去串门，成年猴，包括亚成体，均不能去其他的猴子家庭的领域。若有胆敢冒犯者，轻则被警告，重则被武力教训。我看到川金丝猴两个家庭的成员不仅可以越界，还可互相拥抱，感到一种意外的温暖与宽容。

经过一段时间观察后，我们对拥抱有了新的发现。家庭成员中拥抱，成年猴拥抱，青年猴拥抱，幼猴拥抱，雌猴拥抱，全雄单元中的雄猴也拥抱。

再后来还有更多的发现。两只猴子走路时，走着走着，相互间可能撞了头或者碰了腿，这时，两只个体都觉得心里不爽，一个龇牙警告，一个瞪眼还击。眼看就要打起来，这时，一定会有一只个体先低下头来，主动拥抱对方，另一方则热情接受。相拥过后，它们的不悦之情瞬间烟消云散。真有点江湖上的"相逢一笑泯恩仇"的境界。

2019年4月，我们在玉皇庙的另一个观猴点贡泥沟做了一次观察。

当时，正值春季，这个川金丝猴的觅食点有些潮湿和阴冷。我们正在寻找想要拍摄的一个家庭时，忽然发现，一个小土包上相互抱拥的有七八只猴子。原来，这是全雄单元的猴子，它们更像一个团体，相互间挤在一起，勾肩搭背，相拥相亲。我立即向在这里做观察的西北大学的研究人员求教。他们告诉我们，玉皇庙的川金丝猴特别喜欢团抱，这样，一是有利于相互保存体温，还有就是通过这种方式，增进彼此间的感情，算是睦邻友好吧。

这些抱团行为，护猴员似乎还有更多的说法。他们认为这些猴子之所以喜欢群体抱在一起，与当地的气候有关。

玉皇庙在秦岭北坡，北坡比南坡阴冷很多，并且这里风大，幼猴个体在高大的树上，单只难以立稳的。尤其是春天二三月间，雌猴要忙着生宝宝，对刚刚断奶的幼猴就疏于照顾。

此时的幼猴还不具备独立生活的能力，遇到大风或者是其他危险，它们会找家庭中的阿姨或哥哥姐姐们寻求庇护。得到庇护的最好方式，便是钻进它们的怀抱。家庭成员都非常关照这些

老雄猴拥抱

全雄单元团抱

幼猴拥抱

雌猴与幼猴团抱

老雌猴与小雄猴拥抱

亚成体拥抱

■ 拥抱，陕西周至的一道靓丽风景

尚未成年的幼猴，便直接将它们抱在怀里，让其有安全感。久而久之，这就形成了拥抱和团抱的习惯。

有了这些解释，我在后面的观察中也非常注意观察这一点。

这个有300多只的川金丝猴的大群体，时常会有几只或者更多只猴子抱在一起，既像取暖，又像交流感情。

按常理，这么大的一个群体，个体之间会经常打架、争斗连连才对，可这里却很少发生冲突，有了什么不愉快，一个拥抱很快便化干戈为玉帛。这说明，它们平时有很好的交流与沟通，一旦遇到什么不痛快的事，就能很快化解掉。

■ 陕西周至玉皇庙川金丝猴贡泥沟栖息地

川金丝猴与松鼠的"六尺巷"

古人言，"百万买宅，千万买邻"。"六尺巷"的故事，讲的是清康熙年间文华殿大学士兼礼部尚书张英的家人与邻居吴家在宅基的问题上发生了争执，张英家人飞书京城，让张英打招呼"摆平"吴家。张英阅过来信，只是释然一笑，只见他挥起大笔写道："千里修书只为墙，让人三尺又何妨。万里长城今犹在，不见当年秦始皇。"张英的忍让行为，感动得邻居一家热泪盈眶，全家一致同意也把围墙向后退三尺。留出了一条六尺宽的巷子，六尺巷由此而来。在东梁群川金丝猴的投食地方，它们与松鼠也有一个"六尺巷"。当然这个六尺巷的尺寸没有那么精确，但意义却是一样的。

我们在观察川金丝猴时，发现有几只松鼠栖息活跃在川金丝猴的栖息地上。松鼠竟然与川金丝猴为邻，还能友好相处。经过仔细观察，松鼠无疑是占了大便宜的。因为这群猴子是西北大学一直做观察与科学研究的对象，为了保证猴群的稳定，有时遇上天气不好，他们会让护猴员给猴子投点玉米，以保证这些猴子既不会饿着，也不让它们对投食产生依赖性。

松鼠看准了这一点，对这群川金丝猴产生了依赖性。它们待在猴群边上，等待着护猴员们为猴子投食。护猴员时常向川金丝猴大群停歇的地方投食，松鼠从不到猴群里抢食。一般都是等猴子把大片的食物捡食得差不多，换地方去捡食了。这时，松鼠才睁着贼溜溜的眼睛，左右环顾一阵儿，迅速跑到投食区，捡上几粒川金丝猴落下的玉米粒，再快速回到它位于石头墙上的窝中。

起初，这里只有几只松鼠，后来，投食的次数多了，不知川金丝猴故意对玉米粒不捡干净，还是按照川金丝猴采食"可持续利用"的策略，有意留下一部分食物，这样，自然让松鼠捡了大便宜。时间长了，寻食而来的松鼠越来越多，它们与川金丝猴毗邻而居。川金丝猴在地面上待累了烦了，要上树休息了，这时，松鼠便出现了。它们好像摸准了川金丝猴的习性，对它们的到来并不在意。因此，松鼠这时来捡食玉米，再也不用偷偷摸摸了，而是大摇大摆地慢步前行。在川金丝猴的投食区捡食物时，松鼠也不再小心翼翼，它们吃这些食物时也大快朵颐，无所顾忌。这些松鼠吃饱了，还会跑到河边的小溪里喝点水，然后不紧不慢地回到石头墙中的家里。

不知是川金丝猴宽容大度，还是它们也需要有其他物种和它们相伴共生，时间长了，位于川金丝猴栖息的地方便有了松鼠出没的通道。这些松鼠每天沿着这条通道来到川金丝猴停歇栖息的平台上，有的松鼠一天要往返几次或十几次，而且往返的路上还显得有些理直气壮，心安理得。

川金丝猴真是天性仁慈，它们虽然不能与大学士张英相提并论，但也能宽以待鼠，而且还有意将这个通道让给松鼠，不再到松鼠的通道上歇息取食。松鼠好似很领情，也不在川金丝猴集体取食时，前去打扰。川金丝猴与松鼠的这些行为，其实让人好生费解，不知个中缘故，但它们能够与邻为善，也颇耐人寻味。

■ 大草坪投食点还住着几只松鼠，川金丝猴与它们相处得十分和谐

管理好大家庭，需要智慧，主雄是关键

第五章
比较川金丝猴差异

从"野人"到川金丝猴

说到神农架，人们自然会想到"野人"之说。曾经因"野人"被炒得沸沸扬扬的神农架，到底有没有"野人"？无论是从生物学角度去考证，还是从现在野外监测的技术手段去探查，其结果都是不言而喻的。那么，当初那些"野人"之说的蛛丝马迹，又该如何解释呢？经过诸多

■ 冰雪湖北神农架——迷人墈

■ 湖北神农架杜鹃在冰雪中绽放（陈金武摄影）

的探索与分析，有人认为，所谓的"野人"传说，无论是毛发还是"脚印"，很有可能是出自生活在神农架密林深处的灵长类动物——川金丝猴。这一推断也得到神农架当地人的认可。渐渐地，人们再提起"野人"，也就一笑了之，而对"野人"的关注点，也逐渐转移到对神农架川金丝猴的研究上来。

冰肌雪骨玉树琼枝

说到神农架，不得不说说这里的自然概貌和自然资源。这些得天独厚且绝无仅有的无限风

光，全凭上天所赐。正是这些天地间的精华尤物，才孕育出许多神奇的物种。

我去过神农架多次，大多在夏季，除了考察这里的生态环境，拍摄川金丝猴与美景外，就是来这里避暑。夏季的神农架，清风徐来，神清气爽，不仅悦目，更多的还是赏心。秋季的神农架，秋风萧瑟，层林尽染，放眼望去，如红霞披挂在峰峦上，像红绸散系在山腰间。然而，这次冬季的神农架之行，彻底颠覆了我对神农架的概念与定论。其实，冬季才是神农架最本色的一种展示。

也许很少有人想到，地处中原腹地的神农架，最低温度竟达零下二十多摄氏度。此时的神农架，连绵起伏的山峦如同排排坐的白老头。他们或高或矮，或胖或瘦，藏起脚，盘上腿，肩并肩，牵着手。白头、白脸、白眉毛，白颌、白颈、白胡须，端坐在神农大地上个个如同尝过百草、腹有余粮的神农氏，守候着这里的江河大地。

云海是神农架常见的自然现象。冬天有，夏天有，春天有，秋天也有。神农架的云海仿佛有色彩和体温，不同季节的云海，有不同的风貌。春天的云海，像风姿绰约的少男少女，追逐嬉戏，情深意浓；夏天的云海，受气压的影响，低沉稳健，云卷云舒；秋天的云海，飘逸潇洒，超凡脱俗；冬天的云海如万马奔腾，翻江倒海。在神农架拍云海，你要有一个强大的心脏，因为这里的气象真是白云苍狗，瞬息万变。看着云海的变化，你一会儿心花怒放，欣喜若狂；乌云覆盖山峦大地，你又会如坠深渊，黯然神伤。在神农架拍云海，我感觉如同坐过山车。

板壁岩是神农架一处绝妙的景点，冬天的板壁岩岩石上挂满了厚厚的白霜，随着西北风演奏的乐章，它们或在风中起舞，或

■ 湖北神农架凉风垭秋日俯瞰（陈金武摄影）

在崖上飞扬，热情而奔放，冷酷而严厉。白霜打在脸上如细沙扑面；吹进脖颈，化为水滴，温婉如冰水在心上流淌。我站在板壁岩的雪地上拍摄，像在凝视一幅幅精雕细刻在玉石上的版画，几分晶莹，几分淳厚。我有时真不忍心按下快门，就如杜甫老先生描述的那样"此曲只应天上有，人间能得几回闻"。然而，我不仅看到了还拍到了，总有些诚惶诚恐，不知是福还是祸。

雪中杜鹃是神农架的又一奇观。神农架的杜鹃在夏秋季孕育，得天地之灵性，吸日月之精华；在寒冷中成熟，在冰雪中绽放。多少文人墨客用各种曲牌乐谱咏梅颂德，殊不知，神农架的雪中杜鹃完全可以与品格高贵的梅花媲美，与莲赛洁。她"虽非人间富贵花"，却娇而不妖，艳而不俗，年年向生养自己的这片土地回馈芬芳。有人欣赏也罢，无人光顾也好，她都会亭亭玉立，琼枝弄艳，将美丽奉献给人间。用其特有的品格与魅力，诠释着与世无争、固守清贫、大美无界、大爱无疆的丰富内涵。

与杜鹃花一样品格高尚的还有神农架的啄木鸟。也许，有人说，这本是风马牛不相及的两件事啊！然而，啄木鸟在神农架的作用可不容小觑。神农架3253平方千米的土地上，森林覆盖率接近96%，森林的防虫治虫尤其重要。啄木鸟是森林害虫的克星，一只啄木鸟一天的工作量相当于13个劳动力，且啄木鸟的防虫治虫是无害化作业，人的力量无论如何也没有办法与其同日而语。

在冰雪中观看啄木鸟作业，对拍摄者而言，不亚于一顿豪华的盛宴。也许，啄木鸟看我们拍

■ 作者在神农架

摄得十分辛苦，那天专门给我们当了一次演员，让我们这些没有钱购门票的观众，幸运地观看它的表演。在观看这只白背啄木鸟表演的同时，我忽然领略了其用意。它一定是在告诉人们，正是它们不惧严寒与酷暑，守护着神农架的生态安全。

离开神农架的那一天，我还有诸多的不舍，心中不断地猜想，这里，一定是哪个仙人，将天庭宠爱，散落人间。

湖北神农架的生态卫士——白背啄木鸟

挺进风雪神农架

按照中国动物地理的区划，神农架位于东洋界华中区，属东洋界中印亚界亚热带林灌、草地、农田动物群。金丝猴属发祥中心在华中区之南的华南区，川金丝猴自是东洋界动物之代表物种。居于华中区腹地的神农架的川金丝猴，自然是该区动物地理群的典型代表。当然，不仅仅是川金丝猴，神农架的雉鸡类也近似这个特点。

从对动物的个人喜好而言，我还是最喜欢神农架的川金丝猴。一是灵长类动物与其他物种相比，比较有灵性；二是在这群猴子的社会关系中，我们看到的更多是人的踪影。再就是观察猴群时，我们会有很多情感上的跌宕起伏。那些妙趣横生，天真快乐，江湖险恶，时时伴随着你。在极端天气下，在食物匮乏时，它们更彰显其本性。

地处中原腹地的神农架，最低温度有时竟达零下二十多摄氏度。这样的极端天气，我们对观察中的川金丝猴这种不是特别耐寒的灵长类动物，时常会产生一种悲怆感。这里的寒冷，让生存在这里的川金丝猴面临巨大的考验与威胁。此时，研究它们如何抵御寒冷，用食物与食量的加减，调整川金丝猴的抗寒能力，观察它们行为上的变化在抗寒中所

神农架板壁岩一角

起到的作用，有着特殊意义。

2020年12月中旬，天气预报一直显示神农架将有大雪和暴雪，湖北省也发出并提示神农架林区做好预防暴雪的黄色预警。说到神农架的雪，还真是不可小觑，很多年前，就有多只神农架川金丝猴被冻死的先例。有了这次教训后，在当时这种极端天气情况下，神农架川金丝猴的生存状态如何，它们是否能够安全越冬？我们心中仍然有些担忧。

我深知，风雪天去神农架观察川金丝猴，这确实不是一件容易的事情。这里多是山路，弯多且路险。此时，我们想观察到纯自然状态下的川金丝猴行为，难度非常大。特别是在冰雪中观察、拍摄川金丝猴的影像，则更加不易。直白地说，汽车在深山的冰雪路上行走，都是一种挑战。

"明知山有虎，偏向虎山行。"这是科考人特有的执拗，也体现了"不入虎穴，焉得虎子"的求真精神。2020年12月28日，我们一行人向位于神农架的大龙潭出发。路上的情景，让人高兴又让人焦虑。天空飘过几朵零零星星的雪花，瞬间就成为水滴。这里既无大雪，更无暴雪。没有雪，猴子们就少一些生存上的风险，但是，我们无法拍摄到雪中川金丝猴的影像，也会感到一些遗憾。一路上很纠结，加之，天上灰黑相间的乌云笼罩着整个神农架，空气都似乎凝结在一起，大家的心情也都很沉闷。

过了神农架国家公园大龙潭的哨卡，汽车左突右转，转过了几道弯，一片银色世界立即跳入眼帘。几个家庭群的川金丝猴，正踏着厚厚的积雪，从森林深处向我们走来。此情此景，很难将大龙潭与外面的世界联系起来，这难道是天公给我们开设的冰雪专场？

寻找"大胆"

"大胆"是神农架的明星猴，在神农架，若提到"大胆"，几乎无人不知，无人不晓。记得前几年，也是在元旦期间，我们有两次和"大胆"邂逅。第一次，我们在这里观察拍摄这群川金丝猴时，也是一个冰雪天。"大胆"夫妻俩全身被冰雪覆盖，身上结成冰块，走起路来冰块"叮当"作响，像水晶做成的盔甲。虽然冻得瑟瑟发抖，但是"大胆"一直守候在妻子身旁，用自己的身体为妻子取暖。在现场，见到这一幕的许多人都为之动容。但由于时间短暂，那次我们并没有拍摄到"大胆"更多的行为。

第二次相遇时，"大胆"已经开始败走"麦城"了。"大胆"现在状况如何？这次是否还能见到它？一路上我牵挂着、期待着、设想着与它见面的情景。

当我们来到大龙潭川金丝猴保护站时，又有一群川金丝猴从保护站对面的山坡上走下来。因

■ 我第二次与"大胆"邂逅时，它正在雪地上寻找食物

■ 老年时期的"大胆"夫妻

这是一位英雄妈妈，在自身都难保的情况下，还坚持给孩子喂奶，足以彰显母爱的力量

为天气太冷，它们走走停停，停停坐坐。有的两两相拥，有的全家抱团，更有几只跟在后面的雄性川金丝猴，也不时搂抱在一起。

特殊的天气造就了这种特殊的行为，大家的目的只有一个，就是相互取暖。我们正在观察时，几只今年刚出生的婴猴睁着大大的眼睛，好奇地打量着我们。它们离开妈妈的怀抱，向我们张望。有一个猴妈妈立即伸手，拽起婴猴的一条腿，将婴猴拖了回去。雪地上立即出现一道长长的拖痕，婴猴"嘤，嘤"地叫了几声，随即将头埋进妈妈的胸前，叼住乳头，一边吃奶一边窥视着我们。

观察完这一种群的川金丝猴，我没有发现"大胆"。抬头望了望半山腰的一棵大树，我看见一个全雄单元约七八只川金丝猴正躲在树枝丫上睡觉。我想"大胆"也许在这个大家庭的群体中。

说起这群川金丝猴，"大胆"应该算是功臣。当年，研究人员引它们下山时，可谓费尽心机。他们当时用各种各样的方式引诱，川金丝猴就是不下山，无论是用什么食物招引，它们就是无动于衷。后来，有一只雄猴率先吃了研究人员送上的苹果。就是有了这第一次的吃苹果，才有了我们现在近距离观察这群川金丝猴的机会。那个最早敢于吃苹果的雄猴，就被取名为"大胆"。

当年，我们来观察这群川金丝猴时，"大胆"是这个种群中最有地位的主雄。当时，它可谓妻妾成群，儿女绕膝。在川金丝猴种群中，一般猴子众多的家庭，既是其主雄个体能力强的体现，也是这个家庭在族群中地位

■ 不足一岁的"宝宝"渴望喝奶，滋润一下喉咙。在极端的天气下，妈妈也很无奈，此时，并不是所有的妈妈都有奶

■ 在雪地中寻找食物，这是川金丝猴最艰难的时候

■ 对幼猴来说，这种天气真是生与死的考验

■ 这对夫妻运气不错，它们找到了一片竹林，这下它们可以填饱肚子了

■ 特殊环境下，它们也要啃树皮。也许，此时的树皮比平时的美味佳肴更重要

■ 相比之下，两岁龄幼猴是一生中最艰难的时候。此时，爸爸妈妈需要照顾更小的婴猴，而幼猴独立生存的能力还不具备，啃树皮也是没有办法的办法。只有熬过这个寒冬，它们才有可能活下去

■ 无论动物还是人，极度困境中本性的弱点都会暴露无遗。然而，这对处于极度困境中的川金丝猴夫妻，不仅诠释了什么叫作有难同当，相濡以沫，还不忘苦中作乐，彰显出它们对生活的热爱

■ "大胆"也是谜一般的存在，当年在神农架的川金丝猴种群中，它是何等的叱咤风云。看看当年的英姿，如今，也只剩下一个传奇了

高的象征。

过了一会儿，保护站的工作人员要给这些川金丝猴投食了。工作人员端着盛满花生的塑料盆，对着山上晃了几下，山上立即一阵骚动。刚才还静若处子的那群猴子，顿时，潮水般地向山下拥来，比野兔的奔跑不知要快多少倍。

护猴员们分地段将几背篓红薯和两盆花生，一一分散投放。这样能避免猴子因争抢食物而打架。曾经听专门研究猴子的科研人员说过，在灵长类动物中，因争夺食物资源而打架的并不多

■ 为了保障这些川金丝猴安全越冬，护猴员会在极端天气时，为它们投放一些红薯、花生等食物

见。猴子打架，主要是为争夺生殖资源或是维护领域主权。现在，因为食物太集中，大家都来争抢，打架也就在所难免了。根据猴子的这一特性，护猴员分开投食，能够减少或避免一些冲突，也算是用心良苦了。

护猴员将食物投到雪地上后，它们趋之若鹜般前来争相取食。有的猴子拿一个红薯就走，有的一只手拿一个，有的嘴里叼一个，一只手还拿一个。有意思的是，有只雌猴还在胳肢窝夹上一个。取完食，有的上树去吃，有的就在地面上吃，也有的躲在

■ 因抢夺食物打架，在投食点会经常发生

155

■ 这只一岁多的幼猴已经无奶可吃了。大家都为食物争抢得头破血流，它也不为所动。妈妈大快朵颐，它看似一点儿也不动心

■ 全雄单元的"单身汉"开始进食了，它们只能从雪地上寻找一些残渣剩饭

一边大快朵颐，狼吞虎咽地吞食。更有的猴子，捡一个咬两口，扔了，再去捡，再咬两口，扔了，再捡，这样依次循环。这时，它们往往会遭到护猴员的痛斥。这样的猴子似乎听得懂护猴员的话，便立即拿起红薯就跑，找个背人的地方偷偷地去吃了。

有只个头儿不大不小的雄猴，约有一岁半的样子，大大的

眼睛，略显乳白色的毛发。看着大家都在争抢食物，它一点儿也不动心，端庄地坐在树枝丫上，显出一副很绅士的样子，静静地看热闹。这时，一只雌猴跳上树来，一手将呆坐的幼猴推下树。幼猴掉下树，在那堆食物的边上，捡起一个小而蔫的红薯，慢慢地爬上树，轻轻地翕动嘴唇，慢慢地咀嚼着。猴妈妈并不满意幼猴的绅士模样，心想，这天寒

地冻的，你只有每天填饱肚子，才能熬过这个冬天，装什么绅士呀？它立刻抓起幼猴，狠狠地掌掴了一个耳光，大声地呵斥着，自己却几个箭步来到树下，一手抄起一个红薯，上到树的顶端。

家庭猴取食快结束了，轮到全雄单元的"单身汉"们来取食了，可我仍然没有发现"大胆"。问了护猴员才知道，"大胆"早在几年前就离开这里了。原来

■ 我和"大胆"最后一次相遇时，它已经开始走下坡路了，时常坐在边缘地带发呆

■ "大胆"已经没有能力去和其他雄猴抢夺食物了，我扔给它两个红薯，它稍微迟疑了一下，才拿起来慢慢地吃

"大胆"失去主雄的地位后，它的老婆孩子都归顺在新主雄的名下。"大胆"又被其他几个雄猴暴打，眼睛差点儿被打瞎，眼皮上方被狠狠地咬了一口，有一块软组织脱出耷拉了很长时间，后来，这块软组织坏死了，"大胆"的面部感染发黑，再后来，"大胆"便没了下落。

听了护猴员的介绍，我想起了最后那次与"大胆"相遇。当时，"大胆"已经不是主雄，但有只小雄猴一直守在它的身边。再后来，那只小雄猴也离"大胆"而去，这对"大胆"的打击很大，它精神几乎崩溃了。当时，我在这片森林靠山边的一条河沟里找到了"大胆"，它正孤独地在这个边缘地带发呆。

绕到"大胆"的跟前，我仔细观察，已经找不到两年前的影子了。想当年"大胆"做主雄时，在整个猴群也是叱咤风云的"人物"，不说要风得风，要雨得雨吧，也是活得风生水起，有模有样的。可如今，它独自躲在栖息地的边缘，连猴群都不敢进，全然没有两年前的英姿与豪气，真乃"落毛凤凰不如鸡"啊！

当时，我看到"大胆"的现状，心里很伤感。我还回到刚才护猴员投食的雪地上，去给"大胆"找吃的。扒拉了半天，我没

■ 在极端天气时，神农架川金丝猴护猴员会投喂一些食物。在食物面前，长幼有序、尊卑礼节全被打破，它们一言不合就打架，冲突随时暴发

有找到整个的红薯，只好捡了两块被其他猴子啃过又扔掉的红薯，然后投放到"大胆"的跟前。"大胆"没有立即去拿地上的红薯，而是左顾右盼了一下，又抬头看了看我。也许，它确认我没有恶意，又观察一下周围没有同类的威胁，才拿起红薯，慢慢地啃食。

护猴员说，就在这一年，"大胆"和几个雄性川金丝猴离开了这个群体，消失得无影无踪。来这里观猴的人，都经常提起"大胆"，然而，6年过去了，人们再也没有见过"大胆"。

神农架川金丝猴的地方性

说起神农架的川金丝猴这个亚种，真是有着许多地方特点。它们除了与其他地方川金丝猴外形上有个体差异外，日常生活的行为和饮食习惯也都有非常大的差异。

生活在秦岭的川金丝猴比较温和，除了争夺配偶，很少发生争执。它们的领域界线不像滇金丝猴那样严格，群中家庭地位的等级也不是特别突出。若是平时遇到什么不愉快，它们也很快就能化解。这里的川金丝猴显得既有修养，又有文化。

神农架的川金丝猴则比较好斗，打起架来是动真格的。它们争夺生殖资源打架，争抢食物时打架，雄性之间打架，雌性之间也打架。我们来这里观察的次数与天数虽然不是太多，但每次都会看到它们打架。如果说，猴子也和人类一样，不同地方的猴子有不同的脾气，那神农架的猴子就是暴脾气。

再说川金丝猴的食物，也是非常有意思的事。根据我们在陕西的观察，位于秦岭周至县境内的川金丝猴，不吃红薯，而吃萝卜。其原因是那个地方的老百姓不种红薯；神农架的川金丝猴不吃萝卜，而吃红薯，因为神农架的山上，老百姓很少种萝卜。花生是川金丝猴的大众食物，没有听说哪里的川金丝猴不吃花生的。看来，从川金丝猴的口味上，我们也可以了解当地的种植习惯或农产品特点。

大熊猫以竹子为主食，无论是竹笋、竹叶还是竹上茎，都是它们喜爱的食物。神农架的川金丝猴也喜欢吃竹叶，您是不是觉得奇怪？因为神农架这个地方盛产毛竹和箭竹，因此，这里的川金丝猴喜欢吃竹子也就不奇怪了。真是一方山水养一方猴哟！

从一代枭雄到落寂败寇

从神农架回到北京，"大胆"的身影在我眼前挥之不去。我将这些年在神农架拍摄的图片，翻来覆去地看了一遍又一遍。"大胆"那些英姿勃发、神采四溢、矫健如飞的身姿，占满了我计算机的屏幕。看着照片中气宇轩昂的"大胆"，我怎么也想不到，它有一天会如此落寞颓败。然而，事实就是事实。与其为"大胆"悲伤与遗憾，不如梳理一下"大胆"从发迹到被淘汰的整个过程，或许我们能对川金丝猴的生活习性及繁殖规律有一些粗浅的认识。

一个胆识超群的雄猴

常听神农架当地的川金丝猴研究人员说，"大胆"对川金丝猴研究是有贡献的。回忆起当年引诱这群猴子下山的艰难历程，

■ 青年时期的"大胆"

■ 正值盛年的"大胆"

■ 最早敢于接受人工投食的"大胆"

研究人员称"大胆"是"敢于第一个吃螃蟹"的川金丝猴。他们的感激之情，至今还溢于言表。当时，人们对"大胆"真是不乏溢美之词。

说"大胆"胆识超群，可不只是敢于吃苹果这么简单。当时，这群川金丝猴刚刚下山，它们有诸多不适应。首先，它们是对这里的环境不适应。川金丝猴是喜欢跑着采食，每天要走10余千米的路，它们喜欢在高大树木间行走，在高大树冠的掩护下睡眠，而且每天都要换个地方睡觉。山下没有这样的条件。它们刚刚下山时，"大胆"还不是主雄，它和这群猴子被人为干预在一个狭小的空间内。尽管每天都有一些从来没有见过的食物，但这与自由相比，它们还是更喜欢大自然中自由自在。天性使然，有些同伴受不了这种它们认为近乎窒息的管束，总是想着逃跑。其间也有同伴尝试过几次，但都以失败而告终。

相比之下，备受研究人员关注的"大胆"却淡定许多。经过仔细观察，研究人员认为，"大胆"的淡定并非"乐不思蜀"，也不是随遇而安。也许，它知道按照研究人员对这个群体的重视与管理，现在跑也跑不掉，种群中个体数量之多，年龄结构老幼不均，体况参差不齐，这么庞杂的家庭和个体，想要集体逃离几乎是不可能的。

那时，"大胆"虽然还不是主雄，但也尽显其未来主雄的管理能力。对人工投放的食物，"大胆"总是率先去试尝，然后大家才敢去吃。后来，"大胆"成为主雄后，先后共有十多个妻妾追随它一起生活，它不仅将自己的家庭管理得井井有条，还把猴群管理得井然有序。在"大胆"当主雄的那几年中，它也极尽主雄之责。作为种群中地位最高的家长，"大胆"选择带领大家适应新的环境，在这个地方生活下来。

回想这些年的研究经历，若不是家庭地位与个体能力都更胜一筹的"大胆"的带领，也许人们对神农架川金丝猴秘密至今都无法揭开。

这些年，研究人员或是游客对"大胆"也都一直格外关照，来神农架关注川金丝猴的人，没有不知道"大胆"的。"大胆"

■ 不惧任何艰难困苦的"大胆"

理所应当地成了当地最耀眼的明星猴。

云天高义的"大胆"

"大胆"在位期间，它的妻妾都经历了一段幸福的时光。"大胆"不仅有勇气和智慧，还是一个勤奋、宽容、懂得照顾妻子儿女的好家长。然而，自然界的寒暑易节，动物种群中的物换星移，从来不会因为谁对谁的情感深厚而止步。自然更替，只会遵循大自然自己的规律。就在"大胆"担任主雄的第四年，全雄单元里的"公子小白"就曾对"大胆"发起一次挑战。起因是"大胆"家的一只雌猴与"公子小白"偷偷地交往。

在川金丝猴伦理中，一旦雌猴被哪个雄猴俘获，就有两个显著的标志性的归顺行为。一是主动为雄猴理毛，再就是向雄猴

■ 金发披身、貌若潘安的"大胆"

■ 教子有方的"大胆"

邀配。若是雄猴允许雌猴为其理毛，还欣然应邀与雌猴交配，那它们就是合情、合理且合法的夫妻关系。这种关系一旦确立，一般在雄猴任主雄期间，家中雌猴多数都会忠于丈夫，不再与其他雄猴交配。

通常情况是这样，但任何群体都会有特殊现象存在。"大胆"家庭中有一只雌猴，它和其他几只雌猴的关系不是特别默契，也时常遭受那几只雌猴的冷落。也许，"大胆"并未察觉此事，或许对这只雌猴少了一些关怀。也可能这只雌猴与其他雌猴不是亲缘关系，显得有些孤单。这一切被全雄单元的"公子小白"看在眼里。它不时地向这只雌猴瞥一眼，关注着"大胆"家的这只雌猴。俗话说"不怕贼偷，就怕贼惦记"。"公子小白"惦记"大胆"家的这只雌猴，其实这只雌

猴也是心知肚明的。也许是"发乎情止乎礼"吧，这只雌猴并没有越雷池半步。

有一次午休过后，"大胆"家的这只雌猴又被其他雌猴欺负，它下了树来主动向"大胆"邀配，可未获"大胆"理会。雌猴以为"大胆"未看见，便又上树来到丈夫的身边，再次主动邀配，"大胆"仍然没理会，还视而不见地离开这只邀配的雌猴。也许，这下伤了这只雌猴的自尊心，它心生不悦，便来到离家庭稍远的地方，独自躺在草地上。"公子小白"看到这一切，它认为自己的时机到了，便立刻箭一般从树上蹿下来，飞快地来到这只独自栖息的雌猴身边。

当"大胆"发现的时候，一切都成既定事实。"大胆"也非等闲之辈，怎能容忍"公子小白"的这种行为呢？它当即就给

"公子小白"一拳，接着连续地掌掴。"公子小白"也正值年轻气盛之时，立即还击，并向"大胆"发出挑战。然而，几个回合下来，"公子小白"深深领略了"大胆"的威力。它深知自己目前还不是"大胆"的对手，想要成为主雄还需要成长和历练。"公子小白"立即认输并逃跑了。

"大胆"并没有责罚那只雌猴，而是从此更加关心这只雌猴了。它时常陪在这只比较孤单的雌猴身边，主动为其理毛，还给予一些格外的关照。

打败"大胆"，"公子小白"终上位

从此，"公子小白"心里再也放不下那只雌猴。虽然它为了躲避"大胆"的报复，暂时离开了猴群，但经常藏在这个种群周边的大树顶端，窥视着里面的

动静。

"公子小白"也是一个有心计的雄猴，它不甘心这次失败后对"大胆"俯首称臣，而是在猴群的边缘地带，开始了训练。它每天清晨醒来，就从山顶的树冠上开始，练习在高大的树木间跨步行走；练习以最快的速度爬树，练习在树尖上滑翔。很快，"公子小白"的体能有了非常大的提高。

半年后，"公子小白"又回到了猴群。这一次，它比上一次乖多了，也谦和多了。再一次回到全雄单元。"公子小白"一改之前比较自我的性格，它与别的雄猴相处的方式也改变了。它默默地为其他雄猴理毛，博得那些老年雄性的依赖；它带头寻找食物，关怀婴幼猴的进食，受到了一些雌猴的爱戴；猴群迁徙时，它总是走在队伍的最后面，照顾

群里掉队的个体，又得到了家长们的赞赏。"公子小白"在猴群中的信誉一路飙升，社会地位也日益稳固。

有一天，"大胆"决定带领整个猴群迁徙到一片原始森林中栖息。那里不仅树林高大，大家能躲避炎热的夏季，还有一些平时吃不到的野果，能补充体力，增加营养。这段路又高又险，树林间多有藤蔓牵绕，树下还有荆

棘丛生。但是为了得到那里的食物，也为大家提供一个好的栖息环境，"大胆"还是选择向这个地方迁徙。

早餐过后，猴群便拖家带口，一路奔波前行。行进途中，曾经与"公子小白"交往的那只雌猴掉队了。因为它今年刚生了"宝宝"，体质还有些虚弱，跟不上队伍也很正常。这时，"公子小白"便上前帮助这只雌猴，陪

■ 云天高义的"大胆"

着它追赶队伍。"公子小白"的这一行为又被"大胆"看在眼里，有了上次的教训，"大胆"藏在路边，等"公子小白"和这只雌猴刚一靠近，"大胆"就狠狠地掴了"公子小白"一掌，并龇牙发出严厉的警告。

"公子小白"已非昔日那个毛头小伙子，它没等"大胆"缓过神来，便立即发起进攻，以迅雷不及掩耳之势，拖住"大胆"又咬又抓，很快"大胆"的半块头皮开裂下来。"大胆"见势不妙，赶紧逃跑，准备找一个平缓的地方再战。"公子小白"哪肯放弃这个千载难逢的机会呢？它在"大胆"的身后穷追不舍。就在逃走的途中，"大胆"的脚上扎进了荆棘，在两树间跳跃有些吃力。"公子小白"趁势猛追。"大胆"在一次腾空飞跃中落空，左后肢受了重伤，只能一瘸一拐地在地面上行走。"公子小白"见此，上前狠狠地厮打"大胆"，并发起全面进攻。不到半个小时，"公子小白"俘获了"大胆"家的五只雌猴和三只婴幼猴。

就这样，正值壮年的"大胆"瞬间被淘汰出局。按照川金丝猴的伦理，虽然"大胆"被打败，它的妻子儿女被"公子小白"抢走，但它也并非完全失败，这时，还有一个雌猴重新选择的过程。它若是耐心等待一下，也许还有雌猴回到自己身边，这样"大胆"仍然有做主雄的可能性。让人想不通的是，"大胆"并没有等待，而是选择了当即离开。"大胆"的这个选择，也迫使它家的雌猴没了选择。一代英豪，就这样陨落到猴群的底层。

也许"大胆"冷静思索后，觉得自己这个决定有些欠妥。第三天，它又回到了猴群。在全雄单元中暂时栖身几日后，它又被

■ 暮年的"大胆"

几个落魄的雄猴欺负过一次。这期间，再没有其他猴子理会"大胆"的存在，只有那只平时"大胆"最瞧不上的雄猴——"红耳朵"，有一搭无一搭上前问候一下，偶尔还给"大胆"挠一下毛发。也许"大胆"无法忍受这种地位上的落差和精神上的屈辱，

在一个夜晚，"大胆"和群中的另外两只雄猴结伴出走，一段时间下落不明。后来，"大胆"的原配妻子也离群出走，过了几个月，人们突然发现"大胆"带着原配妻子又出现在神农架。只是这时它们不敢去大群的中心地带，而是守在这个种群的边

缘，过着相对自由、实被冷落的生活。

神农架的太阳每天还会照常升起，山还是那座山，路也还是那条路，水还是那些水，然而，生活在这里的人和动物却是不断地变换。生老病死，爱恨情仇，不断地上演。

■ 特立独行的"大胆"

同祖不同宗的川金丝猴三个亚种

川金丝猴在我国分布比较广泛，陕西、四川、甘肃和湖北均有分布。川金丝猴共有三个亚种，除了四川的指名亚种，还有秦岭亚种和湖北亚种。其中，以四川分布的面积最大、数量最多。据四川有关资料记载，全省境内有2万多只川金丝猴，分布在23个县（市）内。而陕西则以秦岭的南坡为主要分布区，但秦岭主梁的北坡——周至国家级自然保护区内，分布的数量有1000只以上。经湖北林科院2022春季调查显示：神农架地区约有1200只川金丝猴。兴山、房县、巴东等区域的川金丝猴数量在800只以上。此外，因受到大巴山脉地理气候等影响，湖北

雄猴比较：①湖北神农架雄猴　②陕西周至雄猴　③四川平武雄猴（薛康摄影）

幼猴比较：①湖北神农架幼猴　②陕西周至幼猴　③四川宝兴幼猴

省内的川金丝猴与甘肃、四川、陕西三省所分布的川金丝猴相比，从形态和毛发的颜色上，略有一些细微的差异。

形态和颜值略有不同

从上页三幅雄性川金丝猴的图片中，我们可以发现，它们的毛色还是有一些差异。神农架川金丝猴的毛发黑色多一些，且黄色长而闪光；周至川金丝猴的毛发金色多于黑色；四川的川金丝猴的毛发颜色与神农架川金丝猴相近，但它的

毛发相对比较短。从这些雄性的面容来看，根据我们跟踪观察，神农架的川金丝猴略带凶狠，周至的川金丝猴更慈祥平静一些，四川的川金丝猴神情更紧张。从性格而言，它们也各有各的特点。

贪玩、顽皮是所有幼猴的天性，由于神农架研究基地的川金丝猴人为干预痕迹过重，幼猴从小受到这些因素的影响，其个体行为已经与真正的自然状态下的行为，有了一些变化。周至的川金丝猴幼猴多在纯野生状态下

出生，但在婴猴和幼猴期间与观察研究者有一些照面，或多或少在警觉方面有些减弱。我们对四川的幼猴只有几面之缘，且这些幼猴和它们的父母兄长一样，十分警觉，我们很难判断它们的性情。从三种幼猴表面来看，差异不大，性情差异也无法做出比较。有一点是比较突出的，那就是周至川金丝猴幼猴都有一个共同的特点，就是特别喜欢拥抱。这也许受整个群体的影响，这个行为在神农架的川金丝猴幼猴中也有，但并不太多，而由于我们

雌猴比较：①湖北神农架雌猴　②陕西周至玉皇庙川金丝猴雌猴与婴猴　③四川宝兴雌猴与婴猴

观察四川川金丝猴时间较短，很少见到这种行为。

常言道："千人千面百人百性。"这话一点儿都不错。就像世界上没有两个相同的指纹，或者没有两片相同的树叶一样。人的一生，在大脑储存的记忆中，肯定不止千人也不止千面。但对记忆川金丝猴而言，若是在大脑中清晰地储存一千张猴面，且能一眼就认出哪个是"路猴甲"、哪个是"路猴乙"来，那这个人可能是超人。因为川金丝猴的面孔和人的面孔不一样，同年龄段的川金丝猴似乎都长着一张相同的面孔，可用"千猴一面"来形容。两只同龄同性别的川金丝猴，若是想一眼辨认孰甲孰乙，这可不是一朝一夕的功夫。在野生动物研究中，最基础、最难的就是对个体的识别。掌握这一门看似简单的记忆，其实人们需要付出很长时间才能完成。

这里先不说"百人百性"，关于性格问题我们放在后文来谈，这里只从"千猴一面"说起。虽然川金丝猴具有"如出一辙"的特点，但是，你若用心去观察，还是能发现其个体大小、形态、毛色等方面的一些差距的。犹如不同地方的人，都有不同的特点一样。说到山东人，人们自然会想到"大汉"的形象，说到四川，人们不假思索大脑里就会蹦出"娇小"二字。其实动物也是如此，不同地区的川金丝猴，个体也不尽相同，只要认真观察，我们自然也会发现它们各自的特征。

在多次及多地的观察中，我们发现，四川各地的川金丝猴毛色及颜值，也不尽相同。汶川卧龙国家级自然保护区里的川金丝猴与平武的川金丝猴相比，毛色也有很大的差别，平武的川金丝猴毛发金色多于黑色，背部的黑色毛发比汶川川金丝猴的黑色毛发少。汶川的川金丝猴长相及毛发与神农架川金丝猴毛色更接近，背部的毛发都呈黑色。这两地的川金丝猴和秦岭地区的川金丝猴相比，属于中等个体。雄猴与雄猴相比，四川的川金丝猴比神农架的雄性川金丝猴小了一点儿，比秦岭的川金丝猴又似乎大了一些。雌性个体相比较，也有这种倾向。

从毛色而言，秦岭的川金丝猴毛色最漂亮。川金丝猴成年个体，除脊背毛发的根部有些黑色毛发外，其他部位的毛发几乎全部为金色。四川的川金丝猴，毛发的鲜艳度仅次于陕西秦岭川金丝猴的毛色。所不同的是，四川川金丝猴的毛色除了金黄色，还带有褐红色。相比这两地的金丝猴，神农架川金丝猴的毛发与这两地都不相同。神农架的川金丝猴虽然也是金色毛发，但它们的毛发中却有一大部分是黑色，特别是成年雄性川金丝猴尤其明显。整个背部和四肢的上部，都布满了黑色毛发。但有意思的是，神农架川金丝猴黑色毛发的发梢，竟然是金黄色，大有人为的黑黄搭配之感，像极了艺术品中的黑底金边。尤其是这些金丝猴在逆光中奔跑时，那毛发在阳光的映衬下，张扬而奔放，闪烁而迷离，美轮而美奂，让人看了无不拍手叫绝。

口味的不同

说到口味的不同，可能有读者会因此而质疑，但笔者说的是本人在观察中的亲眼所见。在观察神农架川金丝猴时，我们发现，这里的川金丝猴最喜食红薯。特别是到了冬天，下雪的时候，川金丝猴的食物非常匮乏。为了保障这些猴子安全越冬，当地的护猴员会适当地向川金丝猴投放一些食物。据我们观察，护猴员投放的最多的是红薯。每次护猴员投下食物还未离开，那些川金丝猴便闻声而至。川金丝猴取食物时非常有趣。有的随手拿一个红薯就走；有的拿个小的扔了，再挑个大红薯；有的一手拿一个；也有的一手拿两个；还有的把许多个红薯抱在胸前，一边走一边掉，到了树上所剩无几；更有意思的是，有的根本连树都不下，别的猴子拿了红薯爬上树后，它直接上前抢夺。真是什么样的人都有，什么样的猴也都有。

据神农架的研究人员说，这里的猴子最早是不吃人工投食的。后来为了研究这些猴子的习性，他们用苹果等食物，费了好大的劲才把川金丝猴引下山。最早吃苹果的猴子还被取名为"大胆"。在现场，我们试着给这里的川金丝猴投放了几个萝卜，但这里的川金丝猴视而不见，路过这些萝卜时，闻都未闻一下。

秦岭的川金丝猴与神农架的川金丝猴则完全不一样。它们最喜爱的食物就是萝卜和玉米。如果你在观察现场，扔出一个萝卜，全群的川金丝猴的目光都会被吸引。虽然，它们不敢马上去捡食，但人一离开，它们马上会争先恐后地去取食。有时，还会因抢食而引发部落冲突，因此，这也是除研究者外，不许其他人投食的原因之一。

在周至观察川金丝猴时，我们试探向这里的猴群投一个红薯。结果就像神农架的川金丝猴见了萝卜一样，它们毫无反应。

后来，我们又把花生和红枣放到投食点上，它们依然没有任何反应。如果撒上玉米，川金丝猴们会成群地跑过来捡食。据周至玉皇庙的村民说，这里的川金丝猴似乎生来就喜欢吃萝卜，他们种在山上的萝卜也时常被川金丝猴偷食。

与神农架及秦岭的川金丝猴都不一样，四川的川金丝猴对柑橘类水果情有独钟。在平武川金丝猴观察时，有人将柑橘放在川金丝猴经过的地方，川金丝猴虽然显得有些惊恐，但仍然一边环视四周，一边捡起柑橘就跑，它们不仅喜欢吃，而且还会剥皮。在观察中我们发现：捡到柑橘的猴子，对吃柑橘显得有些急不可待。它们会立即找一个可以停靠的地方坐下，或用嘴咬，或用手指甲在柑橘上先挖一个洞，然后，迅速用手指撕扯，不等将柑

橘的皮全部剥完，便大快朵颐地吃起来，也许有的柑橘太酸，它们的表情也变得滑稽可笑。

为什么同为川金丝猴，三个地方的川金丝猴却口味各异？后来，我们经过多方了解才得知，神农架川金丝猴栖息的地方多为林区，这里极少种植萝卜。秦岭川金丝猴的栖息地，虽然也是山区，但这里村民的种植习惯是以萝卜为主，很少种植红薯。四川川金丝猴栖息的地方多有种植柑橘，猴子们对这种林果自然非常熟悉。了解到这些情况，川金丝猴的口味问题也就好解释了。"一方水土养一方人"这句俗语，看来对川金丝猴也同样适用啊！

性格的不同

不同的水土孕育不同的动物，不同的饮食也形成人的不同的性格。说到性格，这里就要谈

到"百人百性"了。百人百性，说的是人各有各的性格，各有各的脾气。性格不同，每个人处事的方式也不尽相同。同为男人或女人，有人张牙舞爪，有人沉默寡言；有人多愁善感，有人豪放不羁。同为处理一件事，有人惊慌失措，有人措置裕如；对待同一种利益，有人斤斤计较，也有人不屑一顾。其实，川金丝猴也和人一样，也有"百猴百性"。虽然它们的相貌大同小异，但性格却千差万别。

在陕西秦岭周至国家级自然保护区观察川金丝猴时，我们发现，尽管一个大群有300多只川金丝猴，整体而言，周至玉皇庙栖息点的川金丝猴相对温和谦让一些。它们的领域观念不像其他地方的川金丝猴那么严格。邻里之间也能友好相处，特别是在捡取护猴员投

放的食物时，家庭与家庭之间，几乎是零距离，它们极少因为抢食而发生冲突。倒是采食时的等级分明仍然遵循了川金丝猴社会的规则，全雄单元永远都是"二等猴民"，只有等家庭群成员吃过之后，才能轮到这些"单身汉"们进食。

神农架的川金丝猴则不然，

■　栖息地的比较：①四川宝兴川金丝猴栖息地春季（高华康摄影）　②湖北神农架川金丝猴栖息地夏季（陈金武摄影）　③陕西周至川金丝猴栖息地夏季

为食物打架的事情几乎每天都在发生。平时，大家表面上都风平浪静，家庭之间也都相安无事，一旦遇到食物，那就会争得你死我活。在取食过程中，谁要是碰了谁，剐蹭了谁，对方立即就会转面无情，睚眦必报。轻者，龇牙警告，重则拳脚相加，观其究竟，除了这里经常缺少食物外，还有一个显著的特点就是，这里猴子的性格比较自我，同时多数猴子都比较贪婪。在食物面前，它们锱铢必较，互不相让。

相比之下，四川境内很多地方的川金丝猴，我们只有一面之缘。在唐家河、卧龙、九寨沟等地观察川金丝猴时，尽管我们不顾蚊虫叮咬、茅草刷面，辛苦寻找许多天，可是最终与川金丝猴只有一面之缘。有时，我们找了好几天，只看到树梢晃动了几下，川金丝猴便无影无踪了。整个四川，有金丝猴分布的20多个县，只有平武这个地方我们才能近距离看到野生群，其他地方的川金丝猴，人们很难近距离观察到它们，更无法了解它们的习性，因此，我们也很难做出比较与评说。

川金丝猴，同祖不同宗

主要分布在四川、陕西秦岭和湖北神农架地区的川金丝猴，又具有"同祖不同宗"的特性。也就是说，虽然它们都是川金丝猴，最早都是一个祖先，但后来由于种群岛状部落的分布与形成等原因，又与其他该物种的种群隔离且时间久远，这些川金丝猴便在不同的地域，形成了不同的种群。经过若干年的演化后，它们无论形体相貌上，还是生活习性，包括从生物学遗传基因方面，都有了改变，这就形成了各自的独立亚种。

法国博物学家戴维将四川宝兴的川金丝猴皮毛带回法国，这才有了对这个物种的科学命名。此前，当地百姓管这种金丝猴叫长尾巴猴。中华人民共和国成立后，我国展开对川金丝猴的研究。科学研究表明：我国的川金丝猴主要有三个亚种。除了最早在四川发现的指名亚种外，还有湖北亚种和秦岭亚种。经过多年的不懈努力，科研人员在川金丝猴的种群形成、栖息习惯、食物改变等多个环节都有了新的发现与突破。

川金丝猴不仅长相漂亮，身上还隐藏着智人的影子，它们有可能是早于人类社会的先驱者，尤其是它们仿佛封建帝制的社会结构与伦理，更值得我们去研究。它们身上还有诸多的秘密，值得我们不断地去探讨。

第六章
讲述川金丝猴故事

"阿诺"与"阿丹"的两代情缘

得知我们的来意，玉皇庙的"猴哥哥"（西北大学的同学们对护猴员的昵称）们都争相向我们介绍这里的川金丝猴。哪个猴子和哪个猴子是兄弟；哪个家庭中两个雌猴共同侍奉雄猴；哪家的雌猴是姐妹或者表姐妹；全雄单元中，谁是谁的儿子，谁是退役主雄，谁是谁的爹……

"猴哥哥"们的津津乐道，对我来说是求之不得。来到玉皇庙的第二天，"猴哥哥"周师傅说带我去看一对川金丝猴老夫妻。在离这对川金丝猴老夫妻不远的地方，周师傅又更正说："说它们是老夫妻吧，也不太确切，

■ "阿诺"与"阿丹"

它们应该是老夫少妻。其实这老夫吧，也不算老，还是正当任的主雄，不过，它也当了好几年了，应该快到头儿了。这对老夫少妻非常有意思，可以用感情深厚来形容。它们每天都要避开其他猴子，单独相处几个小时，相互理毛啊，分享食物啊，好像新婚的小两口一样，真是和别的家庭不一样呢，不信，你盯着它们几天，准能发现。"

按照周师傅的指引，我们在一大群正在进食的猴子中，见到了这对老夫少妻。我问这对夫妻的名字，"猴哥哥"说："这么

■ "阿诺"与"阿丹"每天都要这样拥抱很多次，每天都会离开大群，找一个僻静的地方，单独相处，享受"二人世界"

多的猴子，哪能都有名字，它们没有名字。"在现场，我暂且为它们取了名字，雄猴叫"阿诺"，雌猴就叫"阿丹"。

按照"猴哥哥"的说法，"阿诺"与"阿丹"应该是一对情深意重的夫妻。"猴子也会情深意重？你是怎么发现的呢？"周师傅是一个不太健谈的人。你不问他时，他有时会向你介绍，等听到节骨眼上，他常常戛然而止，再向他询问那些关键点，他就会来一句"你自己看吧"，便再也不说话，或者干脆走开了。

一开始，我觉得这个"猴哥哥"有点卖关子，每每欲言又止，让人听得意犹未尽。但后来仔细想想，"猴哥哥"说得非常有道理。做野生动物行为观察与研究，就是要自己深入观察，就如同教小学生算1加1等于几一样，如果把答案都告诉了，那学生还学什么呢？明白了"猴哥哥"的用意后，在接下来的拍摄与观察中，我们发现，确实如"猴哥哥"所言，"阿诺"每天都要抽出一段时间，离开其他家庭成员，与"阿丹"独处。独处期间，它们相互抚慰，理毛捉虱，亲密无间，缠绵缱绻。

这对猴子为何这么情深意重呢？这其中有什么缘故吗？"有呢。"这时，再去向"猴哥哥"讨教，他却打开了话匣子，讲了一段往事：

原来，"阿丹"的母亲曾是"阿诺"的妻子。"阿丹"的母亲嫁给"阿诺"时，"阿丹"只有三岁多，它是被母亲带到"阿诺"家里来的。当时，"阿诺"家中有5只雌猴，"阿丹"是后来的。按照川金丝猴的伦理，雌猴间的地位等级也有很大的区别。它们和人类有太多的相似之处，

多数也是先来的为大，因为先到的雌猴与主雄相处的时间比较长，它们相互了解，彼此间的信任也建立得比较早，这也符合人类的心理。因此，作为后来者，"阿丹"的母亲在这个家庭中的地位并不高。"阿丹"又是母亲从其他家庭带过来的亚成体，地位便可想而知了。

"阿丹"的母亲是一只非常厚道、勤劳的猴子。除了侍候好主雄外，它时常为其他雌猴理毛，帮助照顾婴猴，以此来交流感情。这样，"阿丹"的母亲很快赢得家庭中其他雌猴的信任与爱戴。后来，"阿丹"到了婚嫁的年龄，顺理成章地嫁给了"继父"，成了"阿诺"家庭中最年轻的"妾"。母女共同侍奉雄猴，这在川金丝猴种群中是一个比较普遍的现象。

在川金丝猴的家庭成员中，

有这样的血缘亲情，通常情况下，雌性之间的关系也是相对稳定的。此时，有了女儿"阿丹"的加入，"阿丹"的母亲也因此受到主雄的宠爱。但"阿丹"的母亲是个非常低调、明事理的雌猴，它并没有主动接受这份宠爱，而是全力辅佐它的女儿"阿丹"。很快，女儿"阿丹"成了"阿诺"最贴心的伴侣。不到一年，"阿丹"就给"阿诺"生了一个非常可爱的胖儿子。"阿诺"不仅更加喜欢"阿丹"，还将"阿丹"宠上了天。它平时睡觉总是挨着"阿丹"。它寻找食物时，也总将"阿丹"带在身边。它还时常帮"阿丹"带儿子，它们三个经常一起玩耍。按照川金丝猴的习俗，这时的"阿丹"俨然成了"阿诺"的正妻。

后来，"阿丹"的母亲因年事已高，也许它不愿意拖累丈夫和女儿，离群索居，不知去了哪里（人们推测它已经自然死亡或被天敌吃掉）。那些天，虽然"阿丹"和"阿诺"也尽力去寻找，但一直没有"阿丹"母亲的消息，也只好作罢。从那以后，"阿诺"便把对母女俩的爱，全部集中在"阿丹"的身上。

"阿诺"家还有另外两只雌猴，它们见"阿诺"如此偏爱"阿丹"，开始还有些争宠。后

■ "阿诺"与"阿丹"的儿子"阿成"

■ 2018年10月16日，12点01分03秒，一家之主"阿诺"离开猴群，暂别家中的其他雌猴及儿女，不紧不慢地独自来到一丛由多根藤条自然形成的"猴床"上，先选好栖身的位置，然后四处张望，发出呼唤信号

12点02分14秒，雌猴"阿丹"似乎发现"阿诺"在呼唤自己，于是，它将自己怀中的婴猴托付给家中其他雌猴照料，快步来到"阿诺"所在的"猴床"上。见面后，夫妻俩仿佛久别重逢，先相互拥抱，然后"阿丹"顺理成章般地趴在树藤上，"阿诺"开始为"阿丹"理毛（通常情况是雌猴为雄猴理毛，雄猴为雌猴理毛并不多见）

来，它们发现"阿丹"每次和"阿诺"单独相处回来，都会积极向另外两个前辈示好，主动拥抱它们。"阿诺"虽然厚此，但

也并不薄彼。它们慢慢地接受了现实，还时常帮"阿丹"带儿子。

听了"猴哥哥"所讲的故

事，我对"阿诺"肃然起敬，然后有意对"阿诺"家庭进行了跟踪拍摄。正如"猴哥哥"所述，这真是一对有真心实意的夫妻，

■ 12点05分16秒，大约3分钟后，"阿丹"起身坐在"阿诺"的身旁，一直用深情的目光望着丈夫"阿诺"，像在表达感激之情。"阿诺"也投以温柔的目光，夫妻对望了约10分钟。就在它们深情凝视对方的时候，猴群中发生了争斗。这时，"阿诺"起身离开，似乎去处理争斗事宜

■ 12点18分，"阿诺"离开"猴床"后，"阿丹"略显不安。它一直环顾四方，不时流露出一丝焦虑与恐惧。它一直在"猴床"上等待，久久不肯离去

■ 12点25分，"阿诺"又回到"阿丹"身边，也许它太累了，便在靠近树干的一侧坐下了。"阿丹"来到丈夫身边，为它理毛

■ 13点23分，"阿诺"与"阿丹"缠绵了一个多小时后，它们又来到一块巨大的石头上。在这块长满青苔的巨石上，按照它们的礼数，相互拥抱后，"阿丹"继续为"阿诺"理毛。"阿丹"这次为"阿诺"理毛细致而周到，对其头部、四肢、躯干及屁股、肛门等各个部位，都进行了清理

几天里，我拍到了一连串的感人画面。

"阿丹"似乎与"阿诺"商议了一下，然后在"阿诺"的带领下，回到另一只雌猴和儿子的身边，两只幼猴立即拥上来。"阿丹"主动拥抱了家庭中给自己儿子充当阿姨的那只雌猴，以示谢意。帮助"阿丹"照顾婴猴的雌猴，也立即将"阿丹"紧紧抱住，场面温馨而感人。看到这一幕，坐在一旁的"阿诺"淡定而平静，像一个宽厚而仁慈的家长。其实，它也许内心正在享受这份成功当主雄的喜悦呢！

14点12分，也许是离开的时间太长了，它们回到了帮助它们照顾儿子的雌猴身边

"大山"爷爷

　　"峰峰"出生于湖北神农架，它是大龙潭川金丝猴种群中的成员之一。"峰峰"小时候比较顽皮，不受继父待见，还不到3岁，就被继父撵到全雄单元。

　　初来乍到，"峰峰"很不适应新生活，但他很幸运地遇到了"大山"爷爷。"大山"爷爷性情温和，相貌敦厚，还有一副菩萨心肠，它成了"峰峰"生平中的第一个"贵人"。

　　为什么说"峰峰"遇到"大

　　■　退役后的"大山"

■ 无论走到哪里，"大山"爷爷（右）都把"峰峰"（左）带在身边，"祖孙俩"成了忘年之交

■ 有"大山"爷爷的呵护，"峰峰"才挺过这个冬天

■ 全雄单元的"小单身汉"们都喜欢"大山"爷爷，"大山"爷爷竭尽全力照顾这些未成年的孩子

■ 神农架的冬天，食物非常短缺，"大山"爷爷教幼猴们采折树枝，啃上面的皮

山"爷爷非常幸运呢？原来，"大山"爷爷是一只德高望重的老雄猴，在这个川金丝猴群，无论全雄单元中的雄猴，还是其他普通家庭的个体，甚至整个猴群的成员，都非常敬仰它，就连与全雄单元为情敌的主雄们，都对"大山"敬重三分。

　　当然，这得从"大山"当上

■ 担任主雄时的"大山"，时常在树上巡护，肩负着保护家中雌猴和孩子的重任

■ 青年时期的"大山"

主雄之前说起。

"大山"的经历和其他主雄的经历没有什么两样，也是3岁多一点儿，就被自己的父亲从原生家庭撵到全雄单元。与其他雄猴一样，它也是在全雄单元中成长起来的雄猴。成年以后，由于有非常好的"女人缘"，"大山"未与任何一个雄猴交手，便成了主雄。

这看似不合乎常理，但猴群也和人群一样，总有一些特殊情况，另当别论。当时，一个叫"黑虎"的主雄，由于对家庭幼猴施暴，遭到家庭雌猴的集体反抗。当时，主雄"黑虎"向妻妾们武力反击，全雄单元有一只雄猴想乘虚而入，去抢夺雌猴。谁知，在争斗中，这只前来挑战的雄猴并不是"黑虎"的对手，几个回合便被"黑虎"撕咬得皮开肉绽。

眼见取得胜利的"黑虎"又要来施暴，这些雌猴被吓得四处逃散。如惊弓之鸟的雌猴及幼崽们，情急之中向"大山"寻求庇护。在这个危难时刻，"大山"大显身手，俘获了这些妈妈和女儿们的芳心。

"大山"成为多只雌猴拥戴的新主雄后，对妻子儿女关照有加。它一共当了6年主雄，生了几十个儿女。最后，它年纪大了，被新主雄打败后又回到全雄单元，如今成为一个老者。这看似再寻常不过的一只雄猴，在其日薄西山的时候，还受到这些家庭及个体的拥戴，这便是"大山"如今的现状。

"大山"是跟随母亲来到这里的，它还是一只小雄猴的时候，就被继父驱赶出原生家庭。刚刚来到全雄单元时，它也曾遇到一个"贵人"。它刚来时想念

对家中雌猴施暴的"黑虎"

妈妈，很长时间不吃东西，精神萎靡，身体消瘦，整天自己坐在那里发呆。"大山"当时的境况，被一只老雄猴发现了。它主动接近"大山"，并给了"大山"父

亲般的关怀。这只老雄猴不仅从生活上关心"大山"，还教它如何做一只出色的雄猴，给了"大山"很好的培养与教育。

记得那个冬天特别冷，"大

山"常常被冻得瑟瑟发抖。这时，总有一只温暖的臂弯护住"大山"的整个身体。当"大山"抬头看时，那只老雄猴的脸贴住"大山"的后颈。很多时候，在

"大山"心理最脆弱、最需要安慰的时刻，那只老雄猴总能出现在它的眼前。

多少次，"大山"顺势倒在老雄猴的怀中，任泪水长流，任心情宣泄。这时，那只老雄猴似乎理解"大山"的心情，紧紧地将它抱在怀中，用头挨紧"大山"的头。它似乎感觉到"大山"浑身在颤抖，便用前掌上的手指抹去"大山"脸上的泪痕，然后为"大山"理顺耳边的毛发。

由于有了这个老雄猴无微不至的关怀，"大山"很快战胜了那种离别之苦，跟着老雄猴不断地奋进，走上一条励志的道路。后来，老雄猴年迈体弱时，"大山"总是形影不离地照顾老雄猴。冬天，"大山"总是将最好的栖息位置让给老雄猴，自己端坐在风口上，用身体为老雄猴挡风；夏天，它总是将通风的地方让给老雄猴，让其自在地纳凉。

清晨，太阳刚刚升起，"大山"找好了水源，亲自带着老雄猴去喝水，到山坡上觅食。有时"大山"千辛万苦地寻找到食物，会立即把信息告诉老雄猴，它们一起去进食。

在川金丝猴种群中，全雄单元真像一个"怪胎"，但是，每个川金丝猴种群都有这样的特殊家庭。这个家庭在整个种群中地位最低，家庭成员还担负抵抗天敌、保护猴群、寻找食物、制订迁徙路线等一系列的重任。这些家庭成员虽然担负这么重的责任，却又是全种群最不被信任的群体。它们不可以靠近任何一个家庭，不可以越雷池半步。

但是，全雄单元又是整个种群里最重要、最有希望的家庭。未来的主雄就会从这些年轻

"大山"（后）对群里的每一个成员都给予最大的关怀，遇上人工投食，它总是默默地等候，让大家先进食

的"单身汉"中产生。因此，它们不仅要有自强的决心、战胜其他主雄的体能，还要有管理家庭、与邻居和睦相处的智慧和能力。

在川金丝猴种群中，做主雄其实是一件很辛苦的事，很多主雄最后的命运都很悲惨。一个合格且在种群里有一定地位的主雄，要自觉地遵守猴群的伦理规则，还必须自律。只有这样，它才能成为一个优秀的主雄，才能带领一个家庭，繁衍子孙，为壮大种群贡献力量。

"大山"在老雄猴的培养教育下，迅速成长为一只非常健壮且有智慧的年轻雄猴。这时，群里的主雄"黑虎"，给"大山"的上位创造了一个极好的机会。按着猴群的规矩，任何家庭成员都不可以伤害婴猴，无论是自家的婴猴，还是其他的婴猴，对婴猴必须实施全员保护。因为婴猴是种群的未来，是延续子孙的保障，这也是川金丝猴的繁殖策略之一。川金丝猴的伦理主要为"伤及婴猴是群中之大忌，也有违天理"。

"黑虎"没有顾及这些伦理之规定。这天，它正与家庭成员一起坐在自己的领域内小憩，一只其他家庭的婴猴蹒跚走到"黑虎"的面前。也许"黑虎"觉得这只婴猴踩了它的尾巴还是碰了它的腿，不由分说，抓起婴猴便抛了出去。婴猴可能被摔疼了，大哭起来。

"黑虎"家的一只雌猴见此，义愤填膺，根本不顾"黑虎"平时的残暴，上来就给了"黑虎"一个重重的掌掴。其他雌猴见此，也一拥而上，向"黑虎"奋力撕咬。许多家庭见此，应声参战，瞬间，整个种群近300个成员，除了婴猴和怀中有婴猴的雌猴外，全部参与到教训"黑虎"的战斗中。叫的，喊的，咬的，抓的，抠的，挠的，撕的，"黑虎"整个身体被压在最下面，无招架之功，也无还手之力，最后，完全瘫倒在地上。

平时关怀"大山"的那只老雄猴因年老羸弱，虽没有亲自动手，却在一旁指挥运筹。就在大家就要偃旗息鼓之时，老雄猴将"大山"唤在身旁，好似嘱咐了几句，示意"大山"冲上去，夺取"黑虎"的妻妾儿女。"大山"正在犹豫，孰料"黑虎"家的雌猴携裹着儿女立即来到"大山"身边。也许处于本能，"大山"立即挺身而出，保护了这些"妇孺"。雌猴们见此，立即前来投怀送抱，主动表示愿意归顺"大山"。

原来，"黑虎"是一个暴君

类型的主雄，它家的雌猴都遭受过它的"家暴"，有的雌猴至今还落有伤痕。不仅家中的妻子儿女慑于它的淫威，活得战战兢兢，就连左邻右舍也风声鹤唳。群中的许多主雄早就想惩戒"黑虎"，苦于"黑虎"个头儿健壮，力气极大，又是穷凶极恶的主儿。论力气，几个主雄加起来也不是它的对手，没有哪只雄猴敢在它面前轻举妄动。

"黑虎"一身力气，有一副让人望而生畏的凶相，大家对它敢怒不敢言，都避而远之。"黑

■ 在"大山"爷爷的言传身教下，"峰峰"学会了吃各种食物，成了种群中最懂事的孩子

虎"得意过了头，没有想到自己暴打未成年婴猴，引发众怒，来了个多行不义的"现世报"，不仅跌下了"大力士"的神坛，还被夺取了主雄之位。听了这个故事，我对那些为母则刚的"女神"们，佩服至极。

虽说"大山"没费多少力气，或者说兵不血刃就当上了主雄，但群里的其他主雄并未轻视它。"大山"本性善良，它对家庭中的妻子儿女都疼爱有加。这样，"大山"的宅心仁厚与"黑虎"的暴戾恣睢形成了鲜明的对比，家中成员都非常拥戴它。在"大山"的统领下，一家猴小日子过得风生水起，对邻居也和睦相处，"大山"很快在群里成了地位最高、威望最高的主雄。

当了6年主雄的"大山"，在一次对抗外来入侵雄猴的战斗中负伤，它深感再无力带领家庭，便主动退出主雄之位，回到了全雄单元，并主动承担起关爱幼年雄猴和培养新主雄的重任。

"大山"爷爷的故事，让"峰峰"明白了很多道理。它知道了自己作为一个雄猴，肩上的责任和必须承担的义务。它也明白了要想成为一个主雄，让优秀的基因代代相传，自己必须具备的条件。它开始按照"大山"爷爷对自己的规划，由自律到自觉再到自强，刻苦地进行锻炼。不到半年，"峰峰"便发生了脱胎换骨般的改变。

有一天，它看见继父带着全家从山坡上下来，到沟塘喝水。按照川金丝猴的规矩，有主雄从面前通过，全雄单元成员要及早回避，回避不掉的，要低头示意礼让。

按照"大山"爷爷的教导，"峰峰"主动向继父行礼，然后又向母亲、姨妈和家中的其他成员行礼。"峰峰"的继父带领全家慢悠悠地通过，母亲和姨妈还不时回过头来，瞅一眼正在全雄单元生活的"峰峰"，似乎叮嘱它，一定要听全雄单元的安排，不可再任性。

很快，神农架的冬天来临，"峰峰"在"大山"爷爷的呵护下，顶冰雪，抗严寒，经受着冰冷季节的考验。与此同时，"峰峰"还在"大山"爷爷的引导下，照顾年老的有生活困难的长者，帮助刚刚进群的幼猴。"峰峰"的这一行为，得到群中各位前辈和长辈的赞叹。它们认为，"峰峰"是种群里最懂事的孩子，并对它悉心教导。后来，当"峰峰"长成一个身强体壮、宅心仁厚的小伙子时，它很快成了种群里最有作为的主雄。

"峰峰"后来成为一只出色的主雄

"大宝""二宝"和它们的父亲

川金丝猴和滇金丝猴一样，婴猴的雄雌比例也是雄多雌少。究其原因，猴群及不同性别的猴子所承担的责任不一样，为了种群的兴旺及延续，性别比例的制衡是其重要手段，川金丝猴在进化过程中较好地使用了这一手段。由于雄性担负着猴群安全保护、防御天敌、寻找食物和传递基因等职责，与雌性川金丝猴相比，雄性川金丝猴的死亡率比较高。此外，雄性川金丝猴在尽职责时也承担许多风险，生命中的危险因素远远大于雌性川金丝猴，因此，相对平均寿命也比雌性川金丝猴短。

西北大学的研究人员研究表明，婴猴雄雌比例还与其父母的体质状况有关。一般父本基因强壮、母体孕育环境佳所产出的婴猴，多为雄性，反之，雌性的比例占优。近些年，周至国家级自然保护区管理局加大了对川金丝猴的保护力度，除定期观察研究的一个小种群有少许人为正向干预外，其他种群严禁人为干扰。这样，在周至保护区内，人们偶

■ 不同时期的"大宝"和"二宝"

■ "大宝"和"二宝"小的时候,父母亲非常爱护它们,一家四口,其乐融融

尔见到这些无忧无虑地生活在野外的川金丝猴,都不约而同地感到,雄猴的数量在持续增加。

在川金丝猴种群中,雄性川金丝猴是种群的希望,也是群体质量的保障。雄性弱则种群弱,雄性强则种群强。这是川金丝猴研究者的共同结论。

"大宝"和"二宝"是川金丝猴玉皇庙种群中的两只同父同母的雄性川金丝猴。"大宝"是哥哥,年长"二宝"一岁两个月。它们在同一个家庭孕育,被同一对父母抚育成长,无论相貌还是性格都有极其相似的一面。

"大宝"快成年时被父亲驱赶出原生家庭,"二宝"当时还是个婴猴。"大宝"离开自己的

■ 小时候，"大宝"经常和群里的小伙伴们玩耍，那时，"二宝"还离不开母亲的怀抱。在"二宝"眼里，哥哥是无所不能的

原生家庭，被赶到全雄单元成为"准单身汉"时，是极不情愿的。这时，"二宝"常到全雄单元做客，化解了"大宝"的苦闷，也帮助哥哥排解对原生家庭的思念之情。

由于"二宝"心里放不下哥哥"大宝"，时常偷偷地看望"大宝"。父亲一气之下，也把只有两岁多的"二宝"撵出了家，"二宝"过早地离开母亲，来到了全雄单元。

缺少了母亲的呵护，"二宝"与"大宝"一样渡过了一段无助与孤苦的日子，好在有兄弟俩相依为命，它们总算是熬了过来。

"大宝"快6岁时，它的父亲——老雄猴被挑战者打败，失去了主雄之位，也被迫来到全雄单元。也许，在配偶的争夺战中，老雄猴伤心过度或者身体受伤，这位曾早年得志，在猴群中

■ "二宝"时常跑到全雄单元，与哥哥"大宝"玩耍

■ "大宝"和"二宝"的父亲被挑战者打败后，萎靡不振，常常无精打采地坐在地上

■ 看到父亲如此消沉，"大宝"主动来安慰父亲，并为他捉虱理毛

说一不二的"家长"，其威风转瞬即逝，不仅颓废萎靡，而且一蹶不振。猴群迁徙时，它走在最后；大家觅食时，它很少主动寻找食物；猴群成员争着寻找舒适的地方休息时，它随便依偎在树根下的石头旁；其他全雄成员生龙活虎般嬉戏玩耍时，它总是懒洋洋地躺在地上，睁着双眼，无精打采地望天兴叹……

"大宝"和"二宝"将这一切看在眼里。也许"血浓于水"的缘故，它们不忍心父亲就这样沉沦。一天，"二宝"来到父亲身旁，并主动拥抱了父亲。对"二宝"的这种示爱，父亲没有太多的激动和回应，甚至有些冷漠。看到这一幕，"大宝"也过来拥抱，这让它们的父亲感到有些意外。父亲也主动伸出双臂，并低下头

向"大宝"和"二宝"两个儿子示好。就这样，老雄猴在两个儿子的陪伴下，精神状态有了明显的好转，不仅主动觅食，还时常与两个儿子一起进入全雄单元的核心地带，参与群体活动，同时，父子三个成了最贴心的伙伴。

"大宝""二宝"及它们父亲在群里的举动，让全雄单元中的其他几个老雄猴非常反感，它

们开始处处与这父子三个作对，有时还联合另外一些雄猴排斥它们。

有一次，护猴员把装玉米的投食口袋放在一大黑石头上面后，去寻找猴群。"大宝""二宝"和它们的父亲正好没有上山，晚上就在大黑石头附近过夜。护猴员走后，"二宝"率先跑过去，扒开装玉米的口袋，抓起玉米就吃。"大宝"见"二宝"获得了食物，也跑过来，抓起两把玉米，离开大黑石头，躲在一棵大树的后面，狼吞虎咽地吃了起来。

这一切，被守家的全雄单元的另外一些雄猴看见了，那些对它们父子三个不满的老雄猴感觉时机到了，立即授意大家动手，教训一下这父子三个。这时，老雄猴"黑风"猛虎下山般蹿到大黑石头上，对着"二宝"就是狠狠一拳，"二宝"正值年轻气盛，

"大宝"（前右）"二宝"（后）和它们的父亲（前左），父子三雄，成了非常要好的朋友

哪里肯吃这个亏，挥手就给老雄猴一掌，并且打得非常重。老雄猴大声呼唤同伴前来助战，遗憾的是只有几个未成年的小雄猴跟在后面呐喊，其他雄猴并未上前参战。

"二宝"的父亲在旁边，它立即招呼"大宝"一起来到大黑石头上，父子三个对着老雄猴"黑风"一顿拳脚相加，直打得老雄猴有气无力地趴在地上求饶。

也许这一仗打出了威风，此后，"大宝""二宝"和它们的父亲在整个猴群的地位迅速提高，其他雄猴见了这父子三个都及早避让。连种群中的多个主雄见到它们也如临大敌，尽量退让三分。尽管如此，在不到半年的时间，"大宝"和"二宝"还是如愿登上主雄之位。

虽然"大宝"和"二宝"离开了全雄单元，成了妻妾成群的"家长"。但当上主雄之后，"大宝"和"二宝"仍然没有忘记生活在全雄单元的父亲。在遵守猴群规矩的基础上，有时，它们还会在不太惹眼的场合，拥抱一下父亲。

"大宝"（左）和"二宝"（右）均已长成英俊的小伙，成为种群未来的希望

"豁嘴皇后"的故事

三月的秦岭北坡，虽然还有些寒意，但野桃花还是如期绽放，紧接着，杜鹃花也匆匆而至。与野桃花和杜鹃花同时展开笑脸的还有栖息在这里的川金丝猴。沐浴着春日的阳光，呼吸着花草的芬芳，川金丝猴一个新的生命周期正在到来。

在东梁种群中，有一只名叫"北川"的雄猴，它在三年前的一次争夺"家长"的战斗中险胜，夺得三只雌猴一只婴猴一只幼猴，后来，又获得两只少女猴的芳心。转年，它迎来了四只自己的骨肉，如今，它已经是五只雌猴的丈夫和六只婴幼猴的

■ "豁嘴皇后"

203

■ 迎着冰雪绽放的杜鹃（陈金武摄影）

■ 周至玉皇庙东梁川金丝猴

父亲。

后来，"北川"的家庭又来了一只从外群进入本群的雌猴——"丹枝"。"丹枝"不知什么原因从外群落单，又好似被天敌追赶，来到东梁群时有些惊恐万状。"北川"是一个仁慈的家长，见可怜的"丹枝"不断地向自己示好，就收留了它。

相貌英俊的"北川"

已经拥有五只雌猴两只婴猴的"北川"，生活得很惬意

205

■ "北川"带着妻子儿女过独木桥

"丹枝"惊恐万分，神情还有些恍惚

■ "丹枝"深知母以子贵的道理，总是小心翼翼地将女儿抱在怀里

"丹枝"并没有受到"北川"的格外关照，"北川"对"丹枝"摆出一副可有可无的架势。家中的其他雌猴也都看家长的脸色行事，几只雌猴似乎还有些排斥"丹枝"，常常冷落它。

尽管"丹枝"在家庭中不太受重视，但它还是通过自己的不断努力，率先怀上了"北川"的孩子。春分之日，"丹枝"生下了一个雌性婴猴，望着这个来之不易的女儿，"丹枝"总是小心翼翼地将其抱在怀里。

按照川金丝猴的伦理和惯例，家中添丁是一件全员共喜的事情，家庭雌猴会以抢抱婴猴的方式庆祝新成员的到来。可是"北川"家中的其他成员，没有表现出这种兴奋，只有"北川"偶尔会抱一下这个刚刚到来的女儿。

也许是母性的天性使然，也许"丹枝"深知自己的家庭地位与生存环境，它不敢奢望与大家分享家庭添丁的快乐，而是整日将女儿抱在胸前，谨言慎行，不敢有丝毫的大意。

猴群犹如一个封建社会，各个家庭犹如封建社会的诸侯国，每个家长（主雄）又犹如诸侯国的国王，它们各自一方，守土有则，管理着一方土地和自己的妻妾儿女，承欢嬉戏，其乐融融。

有社会就有江湖，有新生就有死亡。川金丝猴社会与人类社会一样，也在淘汰与更新中前进。每年的春天，在万物复苏之际，猴群中的年轻雄猴便会向老家长们发起挑战，宣誓自己要争夺"家长"之位。

"丹枝"来到"北川"家的第二年，女儿刚刚三个多月的时候，"北川"被另一只雄猴"黑风"打伤致死，其他五只雌猴迅速归顺新家长。"丹枝"却被新家长和五只雌猴排斥在外，再一次落单。

这一次"丹枝"没有去投靠别的家长，它选择了带着女儿离群索居。在川金丝猴群体中，没有丈夫的雌猴会遭到所有个体的欺凌，天敌若是发现落单的猴子，也会乘虚而入。

为了躲避天敌，"丹枝"和女儿每天躲在大群的边缘地带，好栖的树它不敢上，好吃的野果它不敢去采摘，暖和有阳光的地方它不敢落脚。每天，它都战战兢兢，过着朝不保夕的日子。

有一天，"丹枝"正躲在一块岩石下面为女儿喂奶，一只约5到6岁的年轻雄猴走了过来，坐在它们的对面，呆呆地望着"丹

■ "丹枝"又一次落单，只能抱着女儿东躲西藏地过日子

■ "丹枝"见有异性向自己和女儿张望，它有些不安，有点胆怯，但还是投去了深情的目光

■ 年轻的雄猴在"丹枝"对面的树上，深情地望着母女俩

■ "丹枝"明白了，来者并无敌意，也许年轻雄猴到了"男大当婚"的时候。"丹枝"凭着雌性特有的敏感，它开始主动接近年轻雄猴，并试探着为年轻雄猴理毛，进而避开猴群，在安全的环境中与其相依相拥

枝"母女俩。"丹枝"立即抱紧女儿，往岩石里面退缩了一下，不安地望着眼前的不速之客。

见"丹枝"恐惧的样子，年轻雄猴坐在原地没有上前搭讪，也没有做出对"丹枝"任何无礼的举动，只是静静地关注着这一对母女。

"丹枝"猜不透来者是何居心，它们相互注视一阵后，"丹枝"瞅了空儿赶紧抱着女儿躲到另一块岩石下面的岩洞里，偷偷地窥探外面的动静。

也许"丹枝"的这一举动引起了年轻雄猴的好奇心，接下来的几天，这只年轻雄猴经常走近"丹枝"，用友好的目光注视着母女俩。

年轻雄猴对"丹枝"表现出来的热情，甚是欣喜。投之以桃报之以李。年轻雄猴立即为"丹枝"理毛，并用嘴舔舐"丹枝"毛发里面析出的盐粒。久违异性温暖的"丹枝"顺势倒在年轻雄猴的怀里，任其理个痛快。

也许是第一次接触异性的温情和关怀，年轻雄猴表现出前所未有的热情，它连续几天主动靠近"丹枝"，与其相拥缠绵。"丹枝"是一个极其聪明且有智慧的雌猴，当情至深时，立即向年轻雄猴发出邀配。

也许这份邀请来得太突然，年轻雄猴还是本能地扑向"丹枝"，完成了此生第一次的"男欢女爱"，承担起延续生命的责任，享受着每个雄猴梦寐以求的快乐。

"丹枝"自从入群到嫁给"北川"，就引起了护猴员的密切关注。这次，它又嫁给了一个年轻雄猴，护猴员更加关注。他们给年轻雄猴起名"春风"。"春风"与"丹枝"的家庭由此诞生。

按照川金丝猴的社会规则，

完成交配也就意味着夫妻关系的建立和婚姻的生效。"嫁鸡随鸡，嫁狗随狗"也是川金丝猴群的习俗。当晚，"丹枝"便随年轻的丈夫来到全雄单元。

在全雄单元，没有雌猴们的争宠，没有任何嫉妒，也没有什么伤害。幼猴们还可以肆无忌惮地嬉戏玩耍，"丹枝"可以在自己的领地上取食，担惊受怕的日子在这里一去不复返了。

按川金丝猴的规矩，全雄单元成员有负责种群安全、放哨值守、通报信息、定迁移路线、寻找水源和食物、抵御天敌等义务。"丹枝"到了全雄单元，主动与丈夫一起承担了放哨、发布哨令的责任。

有了"春风"的呵护，"丹枝"如沐春风。它一改往日的自卑与懦弱，主动与群中的每一个个体示好，分享快乐。群里的

■ "丹枝"向"春风"发出邀配信号

■ "丹枝"没有按川金丝猴的传统立即进行交配，它先热情地拥抱了"春风"

■ "春风"应邀与"丹枝"进行了交配

■ "丹枝"随丈夫"春风"来到全雄单元，在这里，它感到前所未有的愉悦与放松

"单身汉"们也与"丹枝"友好相处。当它们的脚跟站稳后，"丹枝"与"春风"还是主动离开了全雄单元，来到种群中间。

有一天，大家正在午休。突然，天敌金雕正向猴群俯冲。"春风"立即发出口令，大家迅速躲避，有效地保护了猴群的安全。此举对"丹枝"触动很大，它明白了放哨者对猴群的安全有多么重要。

受丈夫"春风"的影响，"丹

枝"很快学会了放哨值守、通报信息、长短距离迁移、寻找水源和食物等技能。在单身汉家庭中，"丹枝"和"春风"成了最受欢迎、最受尊重的两只个体。

然而，天有不测风云。在又一个新生命周期到来的时候，全雄单元的单身汉们与本群主雄展开了激烈的厮杀。不幸的是，"丹枝"的女儿在本次争夺中被老雄猴"黑风"误伤，成了"豁嘴"。

"丹枝"抱着女儿依偎在"春风"的怀中，流露出极端愤懑的神情，不时地舔舐着女儿被"黑风"撕咬开裂的上下唇。委曲、痛苦不时袭上心头，它凝望着丈夫，还发出阵阵哀叹。

正值春风得意的"春风"，哪里咽得下这口气，一个复仇计划在"春风"心中酝酿。第二天"春风"便向"黑风"发起挑战。

一只金雕突然出现在大草坪的对面，向猴群俯冲过来（冯江摄影）

所向披靡的它不仅打败老雄猴"黑风"，还将"黑风"的五只雌猴三只婴猴悉数劫获。

"丹枝"见丈夫打了胜仗，立即管理刚刚缴获过来的雌猴。它坐在"春风"的胸前，让新来的五只雌猴依次排坐。新到的雌猴或惧怕"春风"的威力，或愿意归顺"春风"，主动向"丹枝"低头示好，并为其理毛。

很快，"丹枝"显现出超强的管理才能，它不仅将这五只雌

老雄猴"黑风"被"春风"抓伤了，主雄的位置瞬间坍塌

"春风"成了拥有雌猴数量最多的主雄，也拥有东梁群"人口"最多的家庭　　"豁嘴"虽然是第一次做母亲，却是有模有样

猴管理得井井有条，还鼓励丈夫"春风"带着家庭成员向大群的中心地带进军。"春风"仗着猴多势众，生平第一次登上位于猴群中央的大树。

看着"春风"一家登顶示众，猴群里自然有猴不太舒服。但凭着"春风"一家的威力，也无猴敢造次。从此，"春风"一家在整个猴群中的地位与日俱增。

似乎一切都在按照"丹枝"的预设发展，当"春风"的地位在种群中稳固之时，"丹枝"在家庭中的"主雌"地位也稳如泰山。这时，年岁渐长的女儿"豁嘴"也到了谈婚论嫁的时候。

按照川金丝猴的伦理，女随母嫁乃理所当然，何况此时的"春风"正处于呼风唤雨的阶段，嫁给"春风"是多少少女猴的梦想。在"丹枝"的撮合下，"豁嘴"情窦初开时，便顺利地嫁给了无血缘关系的"继父"。

当"豁嘴"第一次向"春风"邀配成功之后，"丹枝"便开始对"豁嘴"进行另一番训练。它干脆将自己的"主雌"让位于女儿"豁嘴"，每晚睡眠时，它都有意将与主雄贴身的待遇让给女儿享受。

平时，"丹枝"在服侍主雄、管理家庭其他成员、寻找食物、对抗天敌、大群迁徙时，它总是把女儿"豁嘴"推向前面，让其承担相应的责任。"豁嘴"明白母亲的良苦用心，也主动向母亲学习相关技能。

又是一个寒暑，在蒲公英开满东梁草坪的时候，"豁嘴"开枝展叶，成功生下一个精灵般的婴猴"东风"。"东风"的到来，

■ 主雄为雌猴理毛并不多见，"春风"为"豁嘴"理毛，倒成了常有的行为。这表明"豁嘴"的家庭地位已经上升到"主雌"的位置

给"春风"家庭增添了无尽的欢乐，家中的其他雌猴都将"东风"视如己出，争相抢抱。

"丹枝"见女儿生下的婴猴受到丈夫和家庭其他成员的爱护，更是喜上眉梢，也时常帮助女儿照顾外孙。与其他雌猴不同，它时常将外孙交给"春风"，让这个幸福的小家伙从小能享受到更多的父爱。

也许是母以子贵，"豁嘴"自从生下"东风"，与丈夫贴

"豁嘴"越来越成熟，它对丈夫"春风"也越来越体贴，一有空就在丈夫面前，精心侍候它

身的机会越来越多，"春风"对"豁嘴"也越来越重视，还时常为"豁嘴"理毛。"丹枝"深知主雄为雌猴理毛仅限于"主雌"，能为其他雌猴理毛是极其罕见的。

随着时间的推移，"丹枝"发现丈夫"春风"已经将女儿"豁嘴"扶上"主雌"之位了。对于女儿的取代，"丹枝"自是喜不自禁。但其他雌猴是否服从这个新的"掌门人"，还有待验证。

在川金丝猴家庭中，雌猴讨好主雄的主要方式就是为主雄理毛。雌猴为主雄理毛时，可以进行情感交流，增进好感。雌猴也会在这个时候，不失时机地与主雄邀配。

在川金丝猴的繁育策略中，为了壮大种群，"主雌"会鼓励家庭中的雌猴与主雄交配。但不

■ 占领的树的高度，是川金丝猴家庭社会地位的象征。"春风"和"豁嘴皇后"登上了制高点

217

是所有的雌猴都能容忍丈夫在自己的眼皮底下，与其他雌猴行事。一天，"豁嘴"就因一个雌猴在自己身旁向主雄邀配，而向它掌掴。

"豁嘴"的这一反常行为，让"丹枝"又喜又忧。喜的是"豁嘴"已经名正言顺成为"主雌"，还嫣然一副"皇后"的架势；忧的是"豁嘴"若如此心胸狭窄，早晚会让主雄心生厌倦，"主雌"之位便会被其他雌猴所取代。

这时"丹枝"不断地接近女儿"豁嘴"，似乎是向它传授一些家庭成员中和睦相处的秘籍。在母亲的教诲下，"豁嘴"学着为其他雌猴创造接近主雄的机会，"豁嘴"的"主雌"地位反而日益巩固。

秦岭的秋天，雨雪接踵而来。已经失去生育能力的"丹枝"主动选择与丈夫保持距离而独处。但"豁嘴"每晚都将母亲拉在身边，母女俩将"东风"拥入怀中，与丈夫围坐在一起取暖御寒。

一个风雪交加的夜晚，"丹枝"感觉自己即将离世。在油尽灯枯之时，最能安慰自己的是，女儿已经长大并接替了自己，成为一个地道的"豁嘴皇后"。

按照川金丝猴的规矩，种群中有猴正常离世，种群中全体成员要去"吊唁"，向死者默哀。也许是不想打扰群体，"丹枝"选择默默地离开，在一个猴迹罕至的地方，安然地闭上了眼睛。

第二天，黎明如期而至，太阳照常升起。"豁嘴"抱着爱子"东风"，爬上猴群所在地那棵只有种群中地位最高的家庭才能栖息的大树。丈夫"春风"和其他家庭成员紧随其后，保护并拥戴着这位"皇后"。

后记

收到清华大学出版社冯海燕编辑发来的《川金丝猴生活图解》将进入三审三校的消息，我忽然意识到后记还没有完成。此书稿早在三年前就已搁笔，后记却是拖了三年多。回顾出版此书的历程，也如同进入川金丝猴的家园去做观察一样，一波三折。好事总是多磨，也许只有这样，才能融入猴群之中，最终才有这部跌宕起伏的川金丝猴族群故事。

看到这本书即将成型，自然忘不了建议我到陕西周至观猴的雍严格老先生，他的一个电话让我有机会付诸五年之久的观察行动，所以首先应该感谢的自然是雍老先生。书中所介绍的玉皇庙东梁川金丝猴群是西北大学齐晓光老师团队的研究基地，没有他们的帮助及对川金丝猴相关知识介绍，我也无法完成这些观察。齐晓光老师不仅是那些观察川金丝猴学生的导师，也是我这个编外观察者的导师，他的指引与点拨让我很快进入了观察状态。在此，我向齐晓光老师及他的研究生们致以最真诚的谢意，还希望继续得到齐晓光老师的帮助与指导。周至玉皇庙猴群所在地是周至国家级自然保护区的核心区，进入这个地方观察川金丝猴首先须得到该保护区的批准，没有保护区的允许，我连这个门槛都进入不了，在此特别感谢司开创先生和保护区工作人员的帮助。

去周至玉皇庙观察川金丝猴期间，我还得到好友冯江先生太多的帮助，无论是行进途中还是观察过程中，交通是第一要解决的问题，负重前行也是我无法克服的难题。几十斤重的摄影器材加上水和食物，对我这个年近古稀的老太太而言，是一座难以逾越的大山，有了冯江先生的帮助，这些问题都迎刃而解。在这里，我要特别感谢冯江先生。

将一本五线谱似的观察记录付诸键盘，一字一句地敲出来，再付诸纸上，也是一个庞大的工程。完成这一切后，又受到疫情的影响，这本书稿的出版过程也如观猴一样跋山涉水，步履艰难。最终确定在清华大学出版社出版，似乎又印证了什么叫"好事多磨"。在这里，我要感谢为本书出版牵线搭桥的郝建华老师和樊亚城老师，感谢此书的编辑冯海燕老师和曹敏老师。当然我还要感谢习乾超、李昕昱两位老师，他们对本书的出版都给予了建议和帮助。

此书成型得到了太多人的帮助，神农架川金丝猴研究基地多次为我们的观察开启绿色通道；川金丝猴命名地——四川宝兴蜂桶寨国家级自然保护区高华康先生提供了自己拍摄的宝贵图片；成都的薛康先生以及雍严格先生、司开创先生、冯江先生和陈金武先生都提供了很好的图片，为本书增光添色。

在这里，我还要特别致谢中国科学院动物研究所的蒋志刚老师，蒋老师是我走上热爱野生动物、观察野生动物之路的启蒙老师。这些年，在观察、研究野生动物的过程中，蒋老师给了我太多的帮助和指导。本次他为本书写的序言，弥补了书中的许多缺失与不足，由衷感谢蒋老师的帮助与教诲。

要感谢的人还有很多，一本科普书的形成真不是一个人就能独立完成的，就像没有一个物种能够孤立生存一样。同喜、同悲、同富贵，共枯、共荣、共生存才是自然界万物的生存法则。本书若能给广大读者一点生存启迪、生活启迪和自然启迪，所有人付出的辛劳也就被欣慰所取代了。